U0187270

[法] 马赫提阿·卡洛夫 著
[法] 皮埃尔·伊夫·塞扎德 [法] 马修·罗特勒 绘
徐景先 裘锐 译

GUANGXI NORMAL UNIVERSITY PRESS
广西师范大学出版社
·桂林·

FENGKUANG DE KONGLONG HE GUGUAI DE HUASHI

出版统筹：汤文辉　　　　　责任编辑：戚　浩
质量总监：李茂军　　　　　美术编辑：刘冬敏
选题策划：郭晓晨 张立飞　　营销编辑：钟小文 宋婷婷
责任技编：郭　鹏　　　　　版权联络：郭晓晨 张立飞

Dinosaures délirants et Fossiles affolants
Author: Martial Caroff
Illustrator: Pierre-Yves Cezard, Matthieu Rotteleur

图书在版编目（CIP）数据

疯狂的恐龙和古怪的化石 /（法）马赫提阿・卡洛夫著；（法）皮埃尔・伊夫・塞扎德，（法）马修・罗特勒绘；徐景先，裘锐译．—桂林：广西师范大学出版社，2022.1
（走进奇妙的大自然）
ISBN 978-7-5598-4405-7

Ⅰ．①疯… Ⅱ．①马… ②皮… ③马… ④徐… ⑤裘… Ⅲ．①古生物－青少年读物 Ⅳ．①Q91-49

中国版本图书馆 CIP 数据核字（2021）第 229417 号

广西师范大学出版社出版发行
（广西桂林市五里店路 9 号　邮政编码：541004
网址：http://www.bbtpress.com）
出版人：黄轩庄
全国新华书店经销
北京尚唐印刷包装有限公司印刷
（北京市顺义区牛栏山镇腾仁路 11 号　邮政编码：101399）
开本：889 mm × 1 194 mm　1/16
印张：5　　　字数：80 千字
2022 年 1 月第 1 版　　2022 年 1 月第 1 次印刷
定价：49.00 元

前　　言

古生物学是一门研究地质历史时期中的生物及其演化，阐明生物界的发展历史，确定地层层序和时代，推断古地理、古气候环境的演变等内容的学科。现在，这门学科正在经历着一场革命性的变化，因为近些年来，古生物学家在中国和蒙古国的沉积地层中，发现有很多保存完好的新物种化石。随着研究的深入，这些远古时期生物的秘密正不断被揭开，彻底改变了我们对寒武纪生物和中生代恐龙的传统认知。当前一些新技术也被应用于古生物化石的研究中，由此古生物学家能够更准确地构建出这些远古时期生物的形态结构，精准复原出它们曾经的样子，这也让古生物学研究从以往的定性描述进入现在的定量化重建的新阶段。

这些古生物学的研究成果能为我们展示出地球上生命演化历史的全景图。设想一下，透过遥远地质历史时期的迷雾，我们突然发现眼前出现了各种奇形怪状的生物，它们长得与现在的生物截然不同：有一些种类奇特得令人惊讶，有一些种类怪异得令人恐惧，还有一些种类甚至算得上滑稽可笑……那曾经是怎样的一个生命世界呀！目前来看，科学家对已发现的远古时期生物的形态结构已经研究得很清楚了，唯有关于它们的体色还知之甚少。

本书共8个章节，每个章节涉及的化石种类都是经过认真筛选的。这些化石保存完好，使得里面的生物被复原后，不论是整体形象、体形大小，还是它们身上的附肢、羽毛和角等，都是独具特色的，令人过目难忘、啧啧称奇。

目 录

荒诞离奇的古老化石

在距今5.4亿至5.25亿年的寒武纪早期，地球上的海洋里突然出现了许多新的动物种类，它们的长相一个比一个古怪，一个比一个离奇。那时，地球上生命演化的节奏突然出现了惊人的加速，形成了古生物学家所说的“寒武纪生命大爆发”时期，这在地球生命演化史上是绝无仅有的。

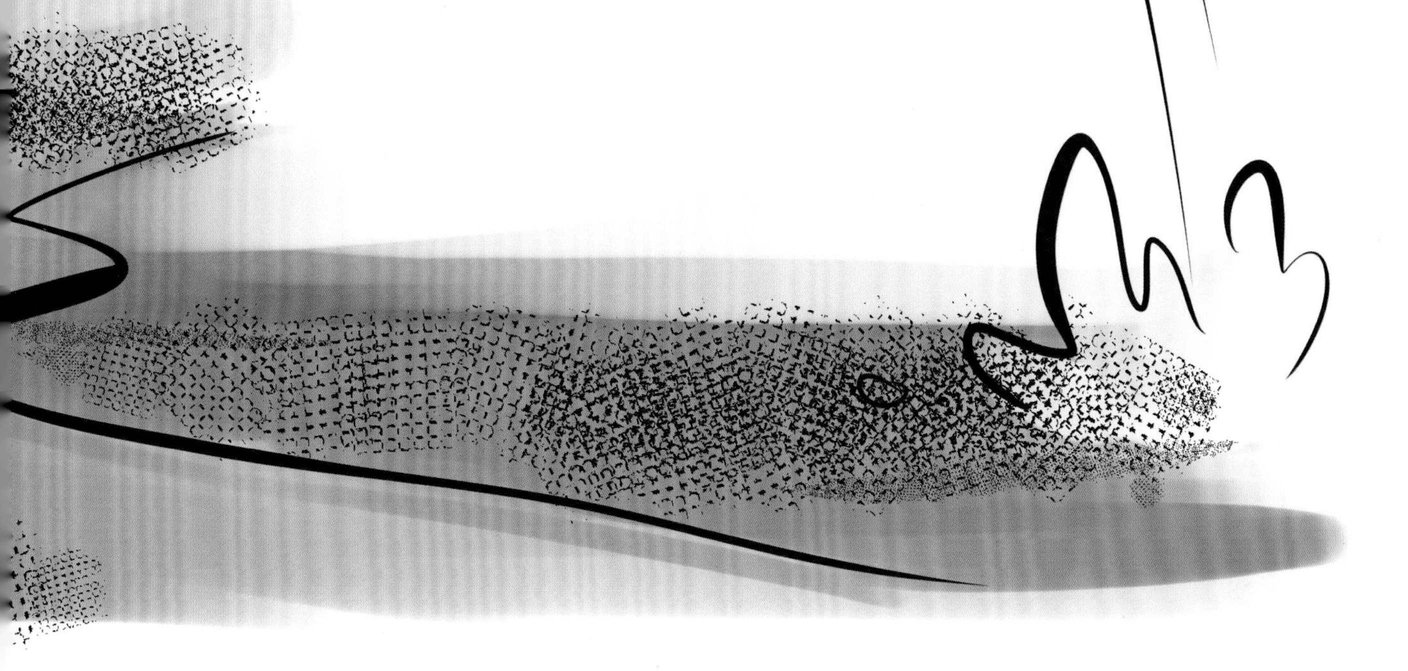

荒诞离奇的古老化石

怪诞虫

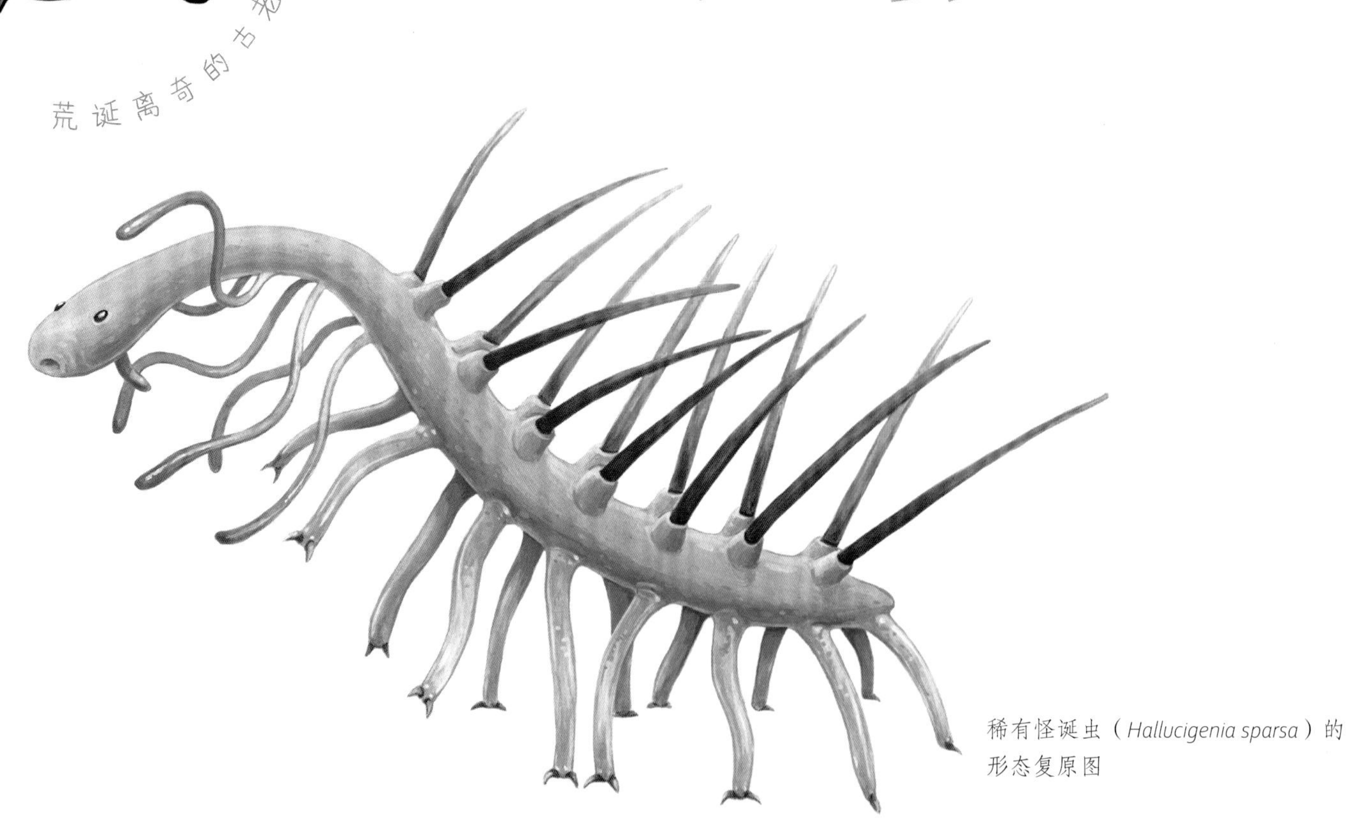

稀有怪诞虫（*Hallucigenia sparsa*）的形态复原图

怪诞虫是一种蠕虫形动物，背部长满了刺，腹部长着很多附肢，外形十分奇特。在很长一段时间内，人们把它们的头误认为是尾巴，又误认为它们是用背部的刺行走的，腹部的附肢仅仅是简单的装饰物。有必要说一下，真的很难想象，这个家伙长成这样是如何爬行的呢？

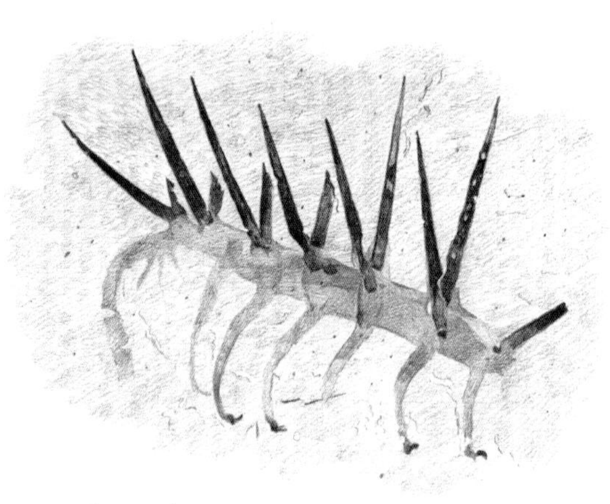

在加拿大布尔吉斯页岩中发现的怪诞虫化石，寒武纪中期，美国华盛顿国家自然历史博物馆

0　4 mm

化石身份及其家族的秘密

怪诞虫属于叶足类动物这个大家族，稀有怪诞虫是怪诞虫的一个种。叶足类动物与节肢动物（如虾、蜘蛛和已灭绝的三叶虫等）有亲缘关系。

◀ **我们的长相是天生的，就是有点儿怪！**

怪诞虫生活在寒武纪时期浅海的海底。近些年，古生物学家借助电子显微镜终于确认了它们头部的位置，并在长有牙齿的圆形嘴巴上方找到了2个极小的单眼。更令人惊讶的是，古生物学家还在它们的喉咙里发现了细针状的牙齿。靠着这些牙齿，这些小家伙可以尽情地咀嚼海洋中的浮游生物，享用美食！

小故事 ▶

1909年，古生物学家查尔斯·都利特·沃尔科特（1850—1927）在加拿大布尔吉斯的一块约有5.05亿年历史的页岩中发现了怪诞虫。古生物学家用了半个多世纪的时间，才把这块页岩研究清楚。怪诞虫被发现后，古生物学家提出了“寒武纪生命大爆发”这一著名的关于地质历史时期的生命演化的推断。

你知道吗？

加拿大的布尔吉斯地区以其有保存得非常完好的动物化石而闻名于世。当时动物被埋在淤泥里，泥土不断渗入动物体内，动物的硬壳或骨骼逐渐被矿物取代，逐渐岩石化，最终形成化石被保存下来。1984年，在中国云南省澄江地区也发现了一个化石群，其形成年代稍早于加拿大的布尔吉斯动物化石群。这些动物化石群的发现说明，在寒武纪时期，这些动物普遍存在于地球上的海洋中。

欧巴宾海蝎

欧巴宾海蝎是寒武纪时期的一种古老的海洋动物。它们的身上长有鳍，头上长着如大象鼻子一样柔软的长长的嘴巴，嘴巴的顶端还有一个像钳子一样的“小爪子”。另外，如果仔细观察一下，可以看到头上5个长柄的末端均有一只眼睛。

皇室欧巴宾海蝎（*Opabinia regalis*）的形态复原图

在加拿大布尔吉斯页岩中发现的欧巴宾海蝎化石，寒武纪中期，美国华盛顿国家自然历史博物馆

化石身份及其家族的秘密

欧巴宾海蝎最初被认为属于节肢动物门，但实际上它们并不属于现生动物的任何一个门类，地球上从来没有出现过与其有任何相似之处的其他动物。据称与欧巴宾海蝎亲缘关系最近的生物是奇虾。欧巴宾海蝎是寒武纪时期海洋中凶猛的肉食性动物，皇室欧巴宾海蝎是欧巴宾海蝎的一个种。

我们的长相是天生的，就是有点儿怪！

头上长着如大象鼻子一样的长嘴巴是欧巴宾海蝎独有的特征。在寒武纪时期的动物群中，还没有发现哪类动物有类似的长嘴巴。这个长嘴巴的一端很可能起始于肚子里，能把食物从嘴巴导入体内，嘴巴末端带刺的钳子状的“小爪子”可能是用来捕获猎物的。欧巴宾海蝎的身体表面可能覆盖着薄薄的甲壳，没准它们还是游泳高手呢！

小故事

尽管美国古生物学家查尔斯·都利特·沃尔科特在1912年就已经发表了关于欧巴宾海蝎的科研论文，对欧巴宾海蝎进行了系统的介绍，但直到20世纪70年代，人们才根据它们的形态，首次对它们的爬行方式和进食方式做出了猜测。1972年，欧巴宾海蝎的形态复原图被展示在古生物学协会的年会上，与会的很多古生物学家在感到惊愕后，立刻又被它怪异的长相逗得哈哈大笑。面对这样的场面，谁还会说这些古生物学家每天都是板着脸，一副严肃的模样呢？

你知道吗？

欧巴宾海蝎并不是很常见，在加拿大布尔吉斯化石产地所发现的动物化石中，它们所占的比例还不到0.01%。尽管如此，凭着如同大象鼻子一样的长嘴巴、嘴巴顶端的“小爪子”和5只眼睛，它们成了最具标志性的寒武纪时期的生物。在一些玩具专卖店里，人们还能买到彩色的塑料欧巴宾海蝎模型。如果你在房间里放一个大大的欧巴宾海蝎模型的话，夜里会不会做噩梦呢？

皮卡虫

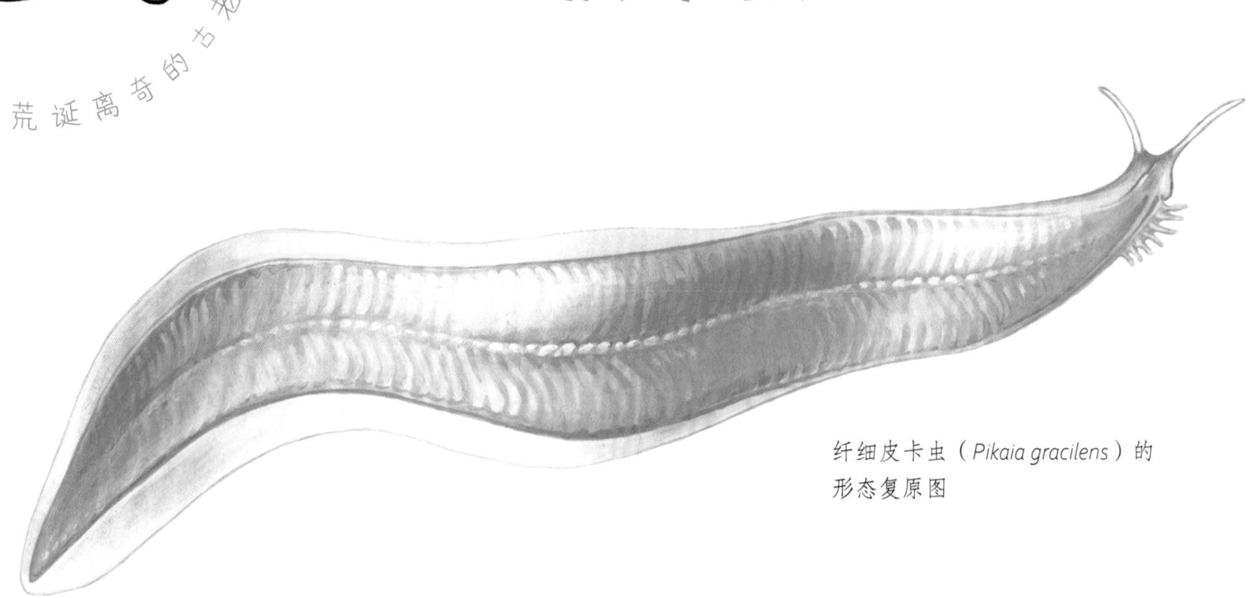

纤细皮卡虫（*Pikaia gracilens*）的形态复原图

如鳗鱼一样，有着流线型身体的皮卡虫，与欧巴宾海蝎和怪诞虫这两个寒武纪时期的同伴相比，看起来并没有后者那么古怪。皮卡虫出现在大约5.05亿年前，在地球生物演化的历史上有着至关重要的地位，因为它们的身体里有一根柔韧的原始脊索，很可能是最原始的脊柱结构。

在加拿大布尔吉斯页岩中发现的皮卡虫化石，寒武纪中期，美国华盛顿国家自然历史博物馆

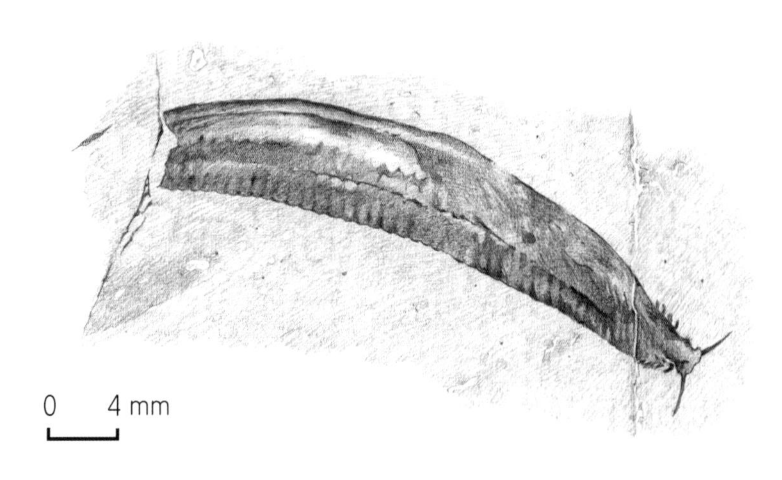

化石身份及其家族的秘密

皮卡虫和人类一样，同属于脊索动物门。它们的身体内有柔韧的原始脊索，还具有“人”字形条纹的肌肉，它们可能是包括人类在内的所有脊椎动物的祖先。

◀ 我们的长相是天生的，就是有点儿怪！

凭借如鳗鱼般的体形和强壮的肌肉，可能是我们“曾曾曾……曾祖父”的皮卡虫想必还是游泳健将，并且它们很可能以水中悬浮的微粒为食。皮卡虫的嘴巴附近长着一对有感知能力的触角和两排短的附肢。你可能要问，它们有眼睛吗？在它们的身上，古生物学家还没找到任何证据表明它们有眼睛，不过这倒没什么大不了的，反正那个时候也没有什么电视节目可看。

小故事 ▶

想象一下，奇虾可能会说：“我吞下了最后一只皮卡虫，人类那时还没有出现呢……”在我们生存的这片土地上，曾经生活着皮卡虫的后裔。它们拥有充满神经和智慧的大脑，它们的触角，就像我们的手一样功能强大。人们可能会猜想，这种生物也像我们人类一样富有创造性，算得上足智多谋吧！

你知道吗？

在中国发现了比皮卡虫出现的年代还要早1500万年的脊索动物化石，它们的形态与真正的鱼类相似。从远古时期到现在，仍存在具有简单脊索结构的生物，它们看起来和皮卡虫一样奇怪，它们就是文昌鱼（蛞蝓鱼）。这些发现表明，生命的演化过程并不是一条笔直的路线，在这个过程中，也会有“十字路口”“回旋处”，甚至“死胡同”。

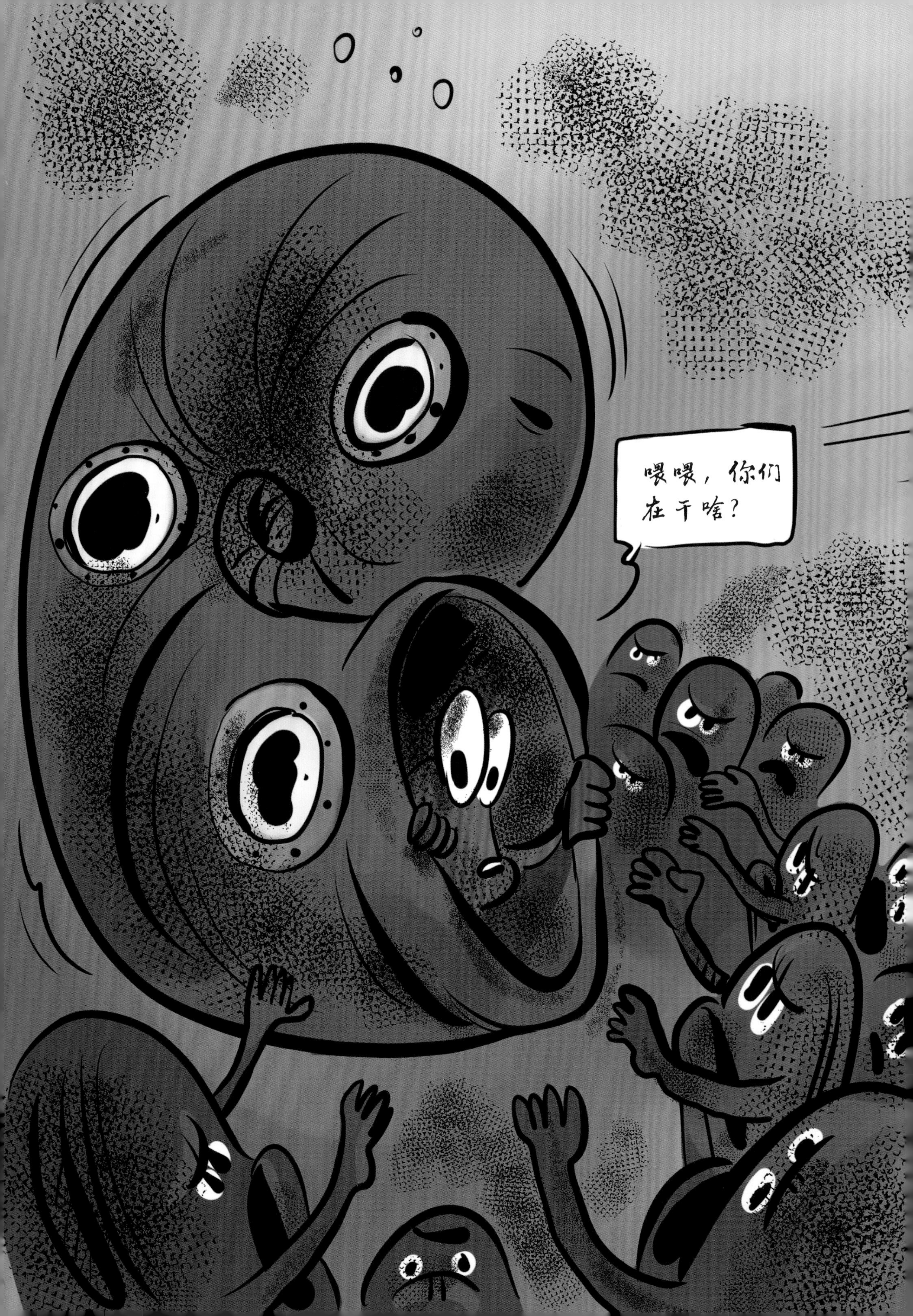
喂喂，你们
在干啥？

令人惊讶的甲壳化石

在充满天敌和危险的世界里，有一间温暖且属于自己的房子真是再好不过的事情了！有些生物对自己的“房子”十分珍爱，走到哪里带到哪里。在这一章，首先要介绍的是一些居无定所的动物们，它们会闯进邻居的“家”并住进去；其次还要介绍一些住在离奇古怪的“房子”里的动物们。

怪异的菊石

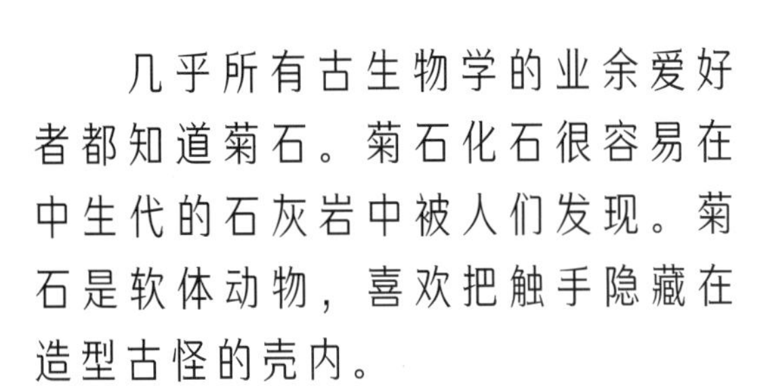

几乎所有古生物学的业余爱好者都知道菊石。菊石化石很容易在中生代的石灰岩中被人们发现。菊石是软体动物，喜欢把触手隐藏在造型古怪的壳内。

0　1.5 cm

日本菊石（*Nipponites mirabilis*）的形态复原图，白垩纪晚期，根据法国里昂汇流博物馆化石标本绘制而成

0　4.5 cm

在法国上普罗旺斯阿尔卑斯省发现的某种异型菊石（*Heteroceras emerici*）化石，白垩纪早期，法国迪涅莱班长廊博物馆

化石身份及其家族的秘密

菊石，就像章鱼、鱿鱼、乌贼和鹦鹉螺一样，属于水生头足类软体动物。

◀ 我们的长相是天生的，就是有点儿怪！

日本菊石的外壳可以说是动物界中最怪异的，呈现出在各个方向排列非常紧密的“U”形卷曲。巨大的异型菊石的外壳也很奇怪，它们有类似于烟斗那样弯曲的形状和盘旋楼梯状的小螺旋结构。像现在的鹦鹉螺一样，菊石会用力将水从体内排出，从而使自己向前游动。

小故事 ▶

法国的上普罗旺斯地区是菊石的天堂。在那里，人们发现了大小不同、形状多样的菊石化石。在远古时代，大自然就像艺术家一样创造了这样美妙的生物。我们可以走进法国迪涅莱班长廊博物馆，静静地欣赏艺术家们受菊石的启发而创作的艺术品。我们还可以漫步在附近的乡野里，去寻找地球在漫长的地质时期里创造的“艺术作品”——菊石化石。

你知道吗？

你知道有的菊石体形巨大，甚至有拖拉机轮子那么大吗？日本菊石并不是菊石家族中唯一的怪异成员。还有一些巨型菊石，它们出现在白垩系地层，科学家将这类菊石归为巨菊石属（*Parapuzosia*），它们的外壳直径能超过2.5米。这些巨型菊石是否像与它们亲缘关系很远的后代巨型鱿鱼一样，曾经也生活在海洋的深处呢？

有趣的寄居蟹

在英格兰约克郡发现的寄居蟹化石（藏在菊石的壳里），白垩纪早期，荷兰博克斯特尔史前博物馆

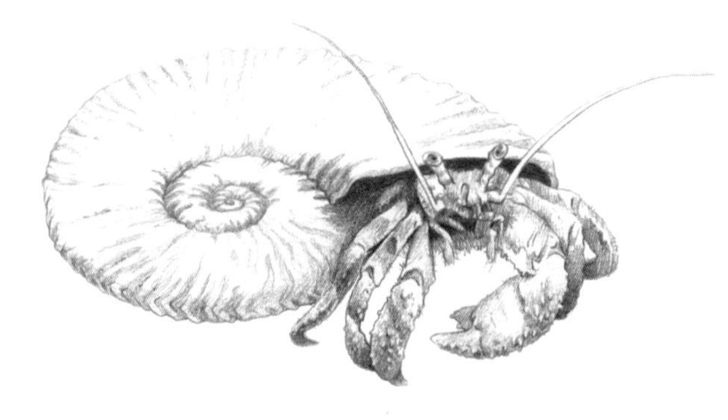

菊石的形态复原图

寄居蟹虽然有一对大大的蟹螯（俗称“蟹钳”），却没有真正属于自己的“房子”来保护自己。于是，它们要么生活在被它们掠食的动物的铠甲里，要么寄居在死亡的软体动物的壳中。数百万年来，寄居蟹家族一直保持着这样的生活习惯。

化石身份及其家族的秘密

寄居蟹属于甲壳纲节肢动物门，它们有4对足，第一对足的顶端有2只蟹螯，但这2只蟹螯的大小并不相同。

◀ 我们的长相是天生的，就是有点儿怪！

现在的寄居蟹和早期的寄居蟹一样，都有柔软的腹部。寄居蟹钻进某种动物（比如菊石）的空壳里，用尾部的小足将自己悬挂在空壳内，以此来保护自己柔软的腹部。当凶恶的捕食者出现时，它们便迅速躲进自己的庇护所里，用蟹钳挡在身体的前面自卫。当寄居蟹的身体不断长大，原先的“房子”不能满足它们的需要时，它们就会去找另一个宽敞的“房子”。

小故事 ▶

两只寄居蟹都渴望将面前的这只蜗牛壳据为己有，于是开始大声争论起来。其中一只说：“我想要这个壳，你想要吗？”“我当然想要！”另一只说，“可是这个壳被蜗牛占着呢。”听到它们的话，蜗牛强忍心中的怒火向它们说道：“我才是这座房子的主人，我必须住在这里，除非你们能把我从这里赶走……”蜗牛边说边缩回了自己的壳内，不再理睬这两只寄居蟹。它们面对蜗牛壳，感到无比羞愧。

你知道吗？

为什么寄居蟹的法语名字是le bernard-l’(h)ermite呢？在中世纪的法国朗格多克地区，伯纳德Bernard是很多动物的统称，比如le bernard-pêcheur是鹭，le bernard-quipue是臭虫，等等。所以寄居蟹法语名字的前面也有了Bernard这个词。那么后面的词l’(h)ermite是怎么回事呢？因为寄居蟹这种动物生活在一个空壳里，就像隐士一样，远离了自己的伙伴独自生活。所以隐士的法语词l’hermite或l’ermite便出现在寄居蟹的法语名字中了。

奇特的厚壳蛤

厚壳蛤是双壳类软体动物，它们不喜欢独居。在大约6 600万年前的白垩纪至第三纪生物大灭绝事件中，除了鸟类之外，所有的厚壳蛤、菊石和恐龙都消失了。

分散保存的马尾蛤的大贝壳瓣化石（左图）和小贝壳瓣化石（右图），白垩纪晚期，法国布雷斯特大学

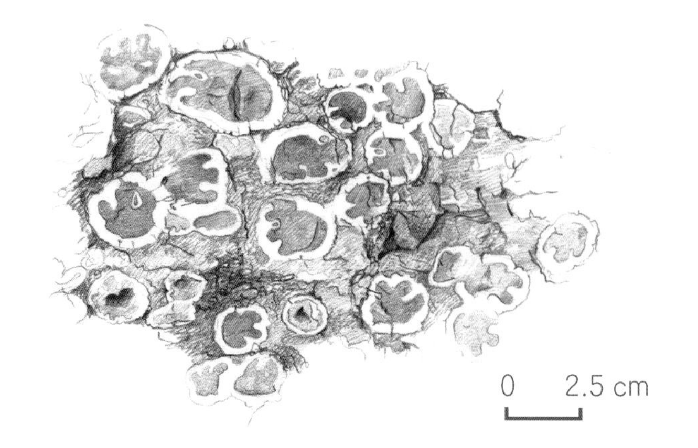

在法国瓦尔省勒卡斯泰莱地层剖面上发现的石灰岩厚壳蛤化石群，白垩纪晚期

化石身份及其家族的秘密

厚壳蛤家族属于软体动物门的双壳纲，它们有很多不同的类型。本书介绍的厚壳蛤化石属于厚壳蛤科的马尾蛤属。

我们的长相是天生的，就是有点儿怪！

很多双壳类动物（比如贻贝或蛤）分开后，有2个对称的贝壳瓣，而马尾蛤属动物的贝壳瓣形状却截然不同，一个大些，形状像丰饶角（装满花果的羊角，象征着丰收），另一个小些，形状像一个盖子；大的贝壳瓣边缘有向内的折痕，而小的贝壳瓣边缘有齿，刚好可以与之相合。你现在能说出一种贝壳瓣不对称的双壳类动物吗？

小故事

法国瓦尔省勒卡斯泰莱小镇以其是一级方程式赛车场的所在地而闻名，但是在化石爱好者看来，这个地方却因为建造在古老的厚壳蛤类礁石上而格外特别。城内的城墙上、路边和城墙下的沟渠中，到处都可以见到马尾蛤化石，甚至小镇中央广场上的喷泉也是用马尾蛤的化石建成的。

你知道吗？

礁石是由生物体汇聚而成的堆积物，最常见的礁石是在热带浅水区形成的珊瑚礁。厚壳蛤类动物是双壳类动物中仅有的可以筑造礁石的生物。就像现在的珊瑚一样，厚壳蛤类动物生活在距离水面不到5米的温暖水域，它们的大贝壳瓣紧紧地连在一起，靠与藻类结合或过滤水中的营养物质获取生存需要的能量。

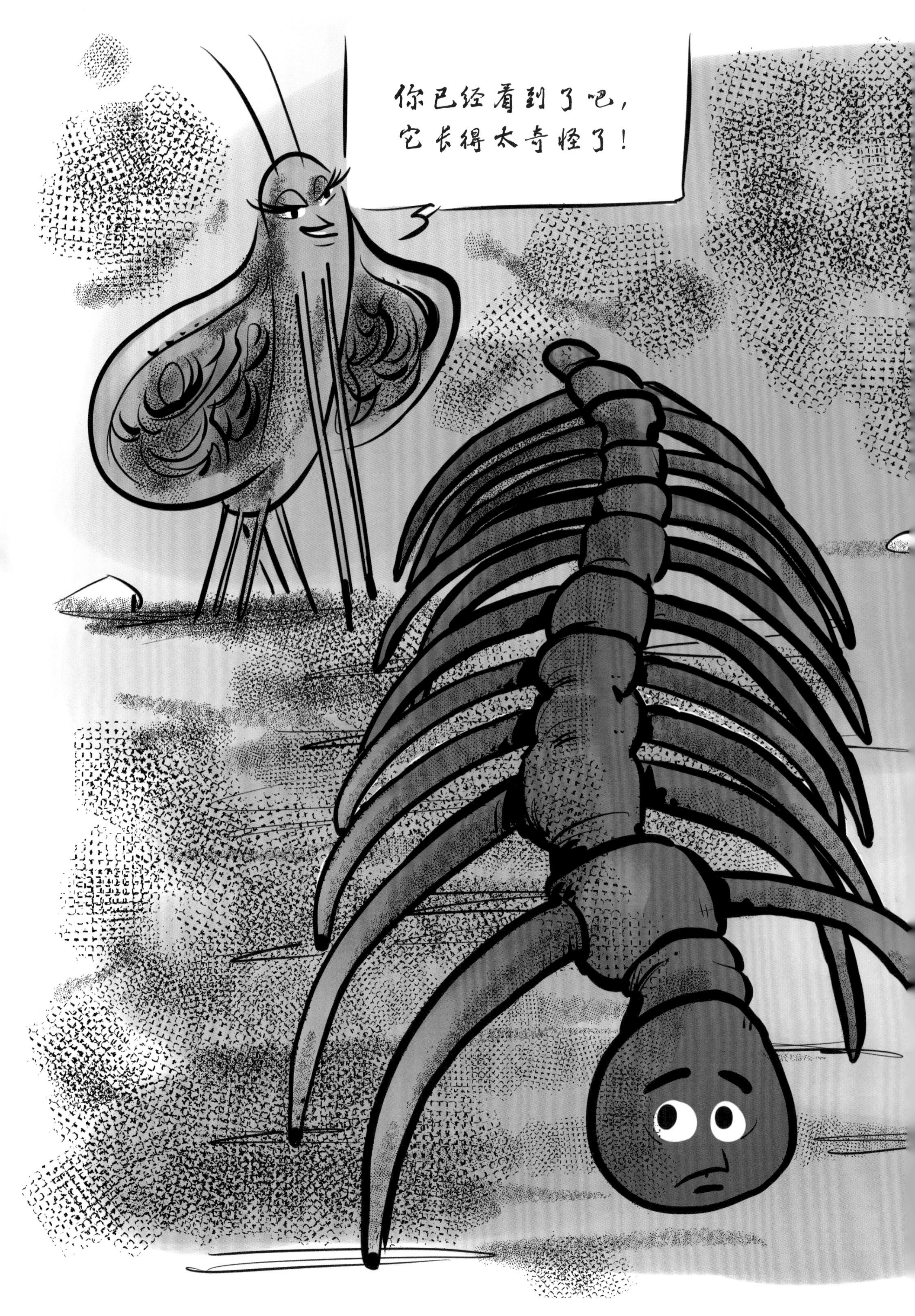
你已经看到了吧，
它长得太奇怪了！

附肢分节的怪异化石

现在，我们该来认识3种附肢分节的古老动物了，它们全部属于节肢动物家族。

行走的仙人掌滇虫

曾经有人问我："仙人掌会行走吗？"当时我觉得这个问题太无趣了，仙人掌是植物，怎么可能会行走呢？2006年，在中国云南省发现了一种奇怪的寒武纪时期的动物——仙人掌滇虫——的化石。这一发现为早期怪异生物家族再添一位成员。当然了，仙人掌滇虫是可以行走的。

在中国云南省发现的仙人掌滇虫（*Diania cactiformis*）的形态复原图，寒武纪

化石身份及其家族的秘密

滇虫和怪诞虫一样，是有附肢的蠕虫型动物，属于叶足类动物家族。大多数寒武纪的叶足类动物都有柔软的附肢，滇虫是为数不多的附肢骨化分节的动物种类。仙人掌滇虫是滇虫的一个种。

◀ 我们的长相是天生的，就是有点儿怪！

仙人掌滇虫有类似蠕虫一样分节的柔软身体，还有10对坚硬带刺分节的附肢，身体一端的凸出部分可能是它们的头部。这种奇怪的小动物很可能是节肢动物的祖先，因为目前的研究表明，它们是首次长出了坚硬带刺有节附肢的动物。

小故事 ▶

能行走的滇虫不是真正的仙人掌，它们只是与仙人掌很像而已。但是，地球上的确存在一些能够“行走”的植物，比如黑莓和草莓，它们的茎可以在地面上匍匐前进，匍匐茎的节上长出根后又变成了新的一株植株。更有趣的植物是野燕麦，野燕麦的穗一般会结有2～3粒种子（颖果），每粒种子都由外稃和内稃包裹，从稃体的中部长出几厘米长的芒，呈弯曲扭转的状态。芒在白天伸展，晚上卷缩，可以带着种子在土壤表面移动，就像长了脚一样。

你知道吗？

地球上已知动物种类的80%是包括甲壳类、昆虫类等在内的节肢动物。它们具有3个基本特征：身体呈多环状分节，每个节上都有坚硬的外壳；身体分为头部、胸部、腹部，或头部与胸部合为头胸部，或胸部与腹部合为躯干部；有带关节的附肢。滇虫只符合这些特征中的一个——有带关节的附肢。它们用骑士般的铠甲先把自己的附肢装备起来，把自己打扮成类似于节肢动物的模样。可惜的是，在生物演化这条漫长而曲折的道路上，它们没能走得更远。

附肢分节的怪异化石

美丽的贝拉布尔吉斯虫

“她叫贝拉，当地人都不愿意让她离开，她的美震惊全村，人们都提醒我：‘要小心这位姑娘哦。’”这是法国说唱歌手梅特·吉姆斯所演唱的歌曲《贝拉》里面的歌词。虽然你在这里看到的贝拉不是歌曲中的贝拉，但是这个穿着黄色透明“连衣裙”的贝拉也同样非常漂亮。凭借迷人的外形，它们在寒武纪时期没准也算是一种明星动物吧！

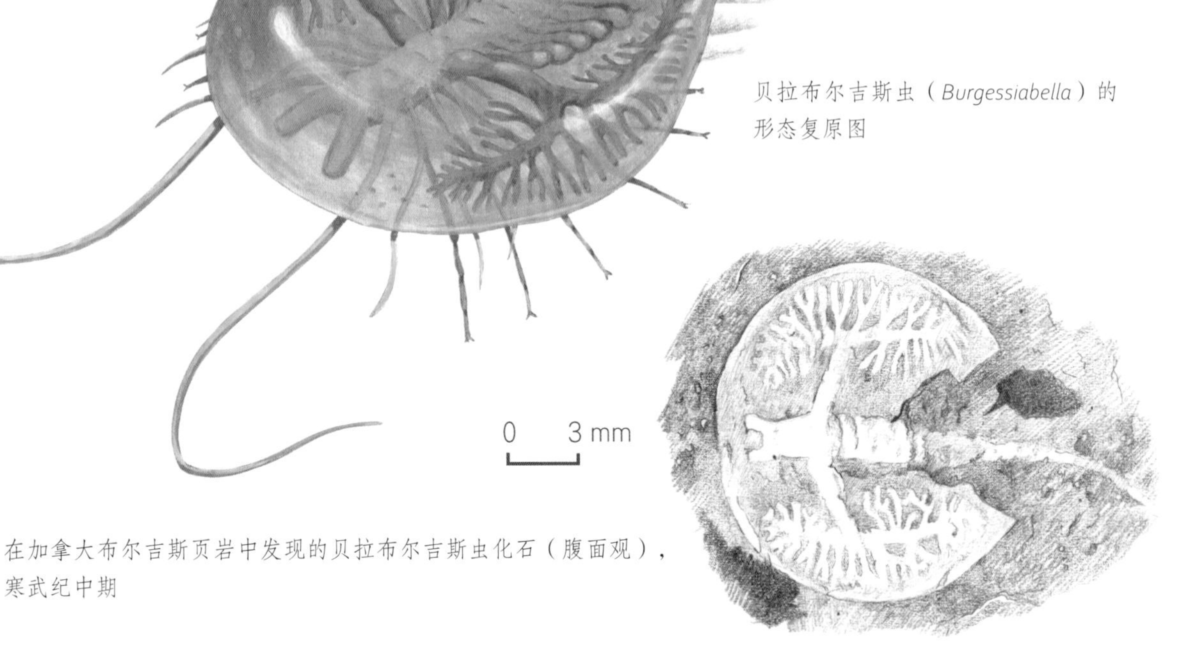

贝拉布尔吉斯虫（*Burgessiabella*）的形态复原图

在加拿大布尔吉斯页岩中发现的贝拉布尔吉斯虫化石（腹面观），寒武纪中期

化石身份及其家族的秘密

贝拉布尔吉斯虫是原始的节肢动物，可能是鲎（hòu）、蜘蛛和蝎子的祖先。它们从外形来看确实有点儿像鲎。

◀ 我们的长相是天生的，就是有点儿怪！

贝拉布尔吉斯虫的身体很柔软，有薄薄的甲壳保护，尾部有个长长的刺。它们的头部有2个触角，用10对足爬行。是什么让在加拿大布尔吉斯发现的贝拉布尔吉斯虫化石变得如此闻名呢？原因在于该化石清晰地保存了贝拉布尔吉斯虫体内的器官，由此我们知道，它们的消化系统由中央消化道组成，两边由2个呈肾脏形状的肠道组合与中央消化道相连接。

小故事 ▶

贝拉布尔吉斯虫爬到贝壳旁边，向它打了个招呼，然后一口吞下了它。一旁的奇虾也享用了一顿丰盛的三叶虫大餐。这时，突然而至的泥石流淹没了它们……大约5.05亿年后，古生物学家劈开页岩，发现了这个化石。他们拿出放大镜仔细观察，发现这些虫子的消化道也被完好地保存了下来：贝拉布尔吉斯虫的消化道里含有贝壳碎片，奇虾的消化道里装满了三叶虫碎块。

你知道吗？

贝拉布尔吉斯虫是一种生活在海底的生物，它们用10对附肢在海底世界漫步，用长长的触角拨开海底的淤泥来寻找食物，并将食物颗粒送入位于腹部的嘴里。长在身体尾部的长刺可能是它们抵御掠食者（比如贪婪的奇虾）的工具，也可能是它们在被捕捉后用来辅助逃脱的工具，还可能是它们吸引异性关注自己的装饰物。

疯狂的三叶虫

“在三叶虫的大家族里，我想找一个‘发型’狂野的。”

“我想要嘴的前面长着一个大叉子的那个。你看看瓦勒西虫……你说什么，这个样子的三叶虫居然真的存在过？”

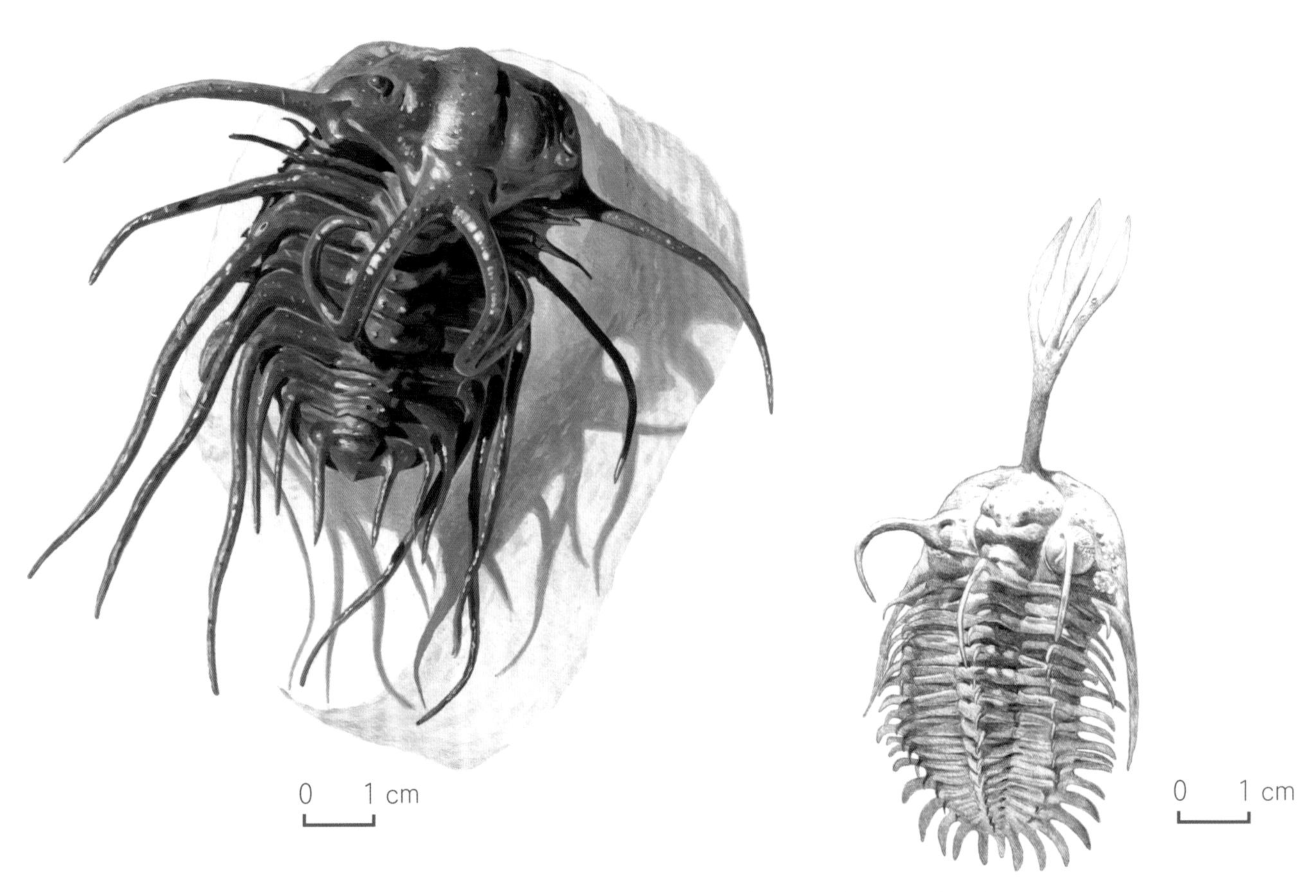

在摩洛哥发现的怪异双角虫（*Dicranurus monstrosus*），泥盆纪早期，美国休斯敦自然科学博物馆

在摩洛哥发现的三戟瓦勒西虫（*Walliserops trifurcatus*），泥盆纪

化石身份及其家族的秘密

三叶虫是一种节肢动物，种类非常多，目前已发现了超过15 000种的三叶虫化石。它们在古生代时期生活在全世界的海洋中。

◀ 我们的长相是天生的，就是有点儿怪！

三叶虫的身体横向分了很多节，纵向由两条背沟分成中叶和位于左右的侧叶，三叶虫的名字也因此而来。三叶虫有坚硬的甲壳和很多成对的附肢，也有像昆虫那样的复眼和长长的触角。怪异双角虫可以解释为“一种长着怪异的头的三叶虫”。它们的头上长有刺，它们的外壳上也长有刺，这样可以使它们免受掠食者的伤害。

小知识 ▶

其实最早发现三叶虫化石的应该是英国人，只不过当时的人误以为它是一种比目鱼化石。研究三叶虫的最早记录可以追溯到1698年。当时，古生物学家将一个头部长有三个圆瘤的三叶虫命名为“三瘤虫”。直到1771年，古生物学家才根据这种动物的形态特征，将其正式命名为“三叶虫”。

你知道吗？

三戟瓦勒西虫头上长着的“三叉戟”到底是做什么用的？这个问题一直困扰着古生物学家。以下是众多前人提出的几种假设：它是一个感觉器官；它是一个翻动海底沙粒寻找食物的工具；它是一种用于吸引异性的装饰。到底是哪一种呢？

行为异常的爬行动物化石

一个细微的声音说道："我看起来像一只小蜥蜴，喜欢在树上爬行。你看到我超棒的发型了吗？"

一条蛇形动物小声说道："我在草丛间滑行，我的脚不能用来走路，但是可以用来捕获猎物。"

一个低沉的声音说道："我个头很大，看起来像一棵猴面包树，光是早餐就能吃下几只鳄鱼。"

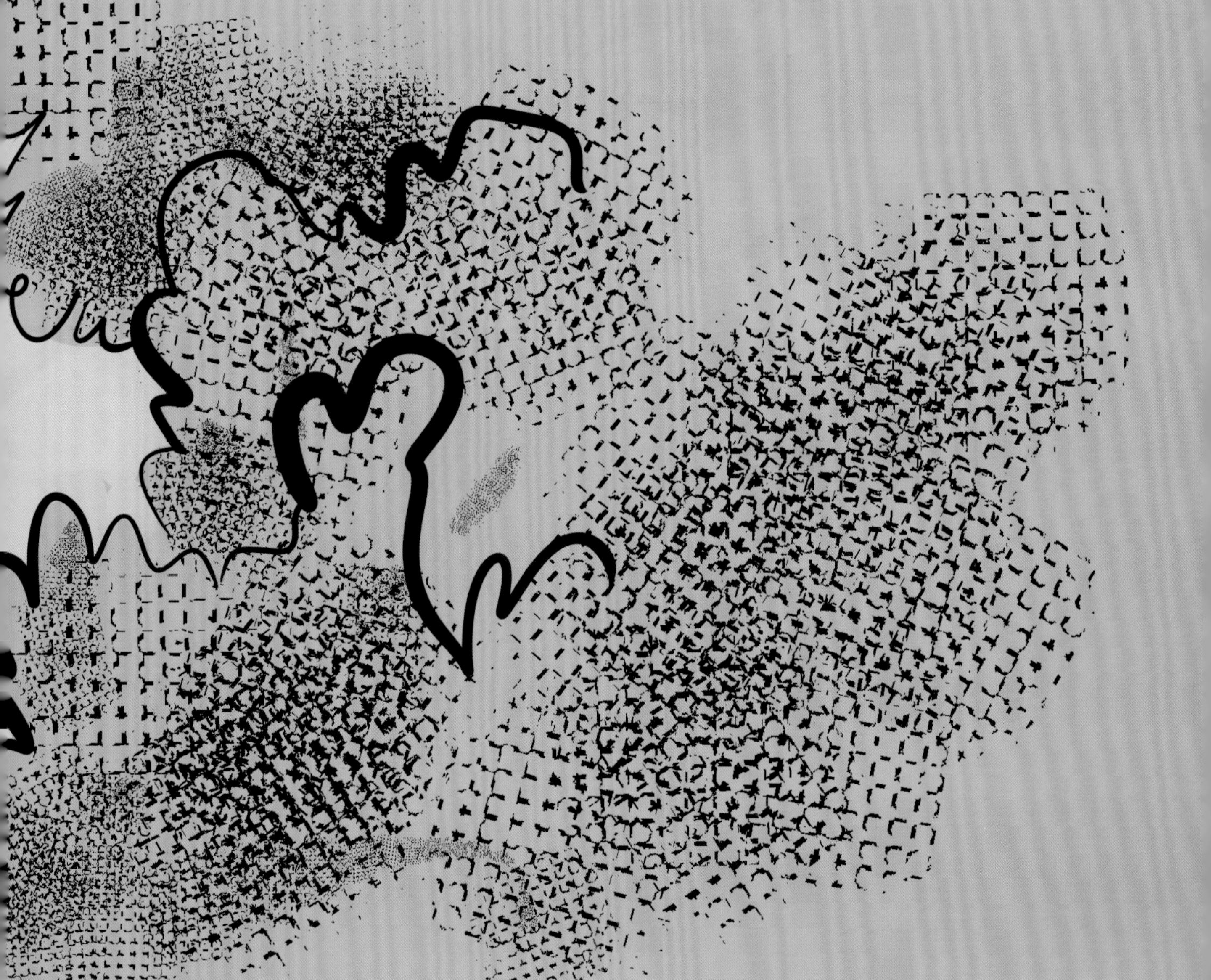

有奇怪鳞片的四足动物

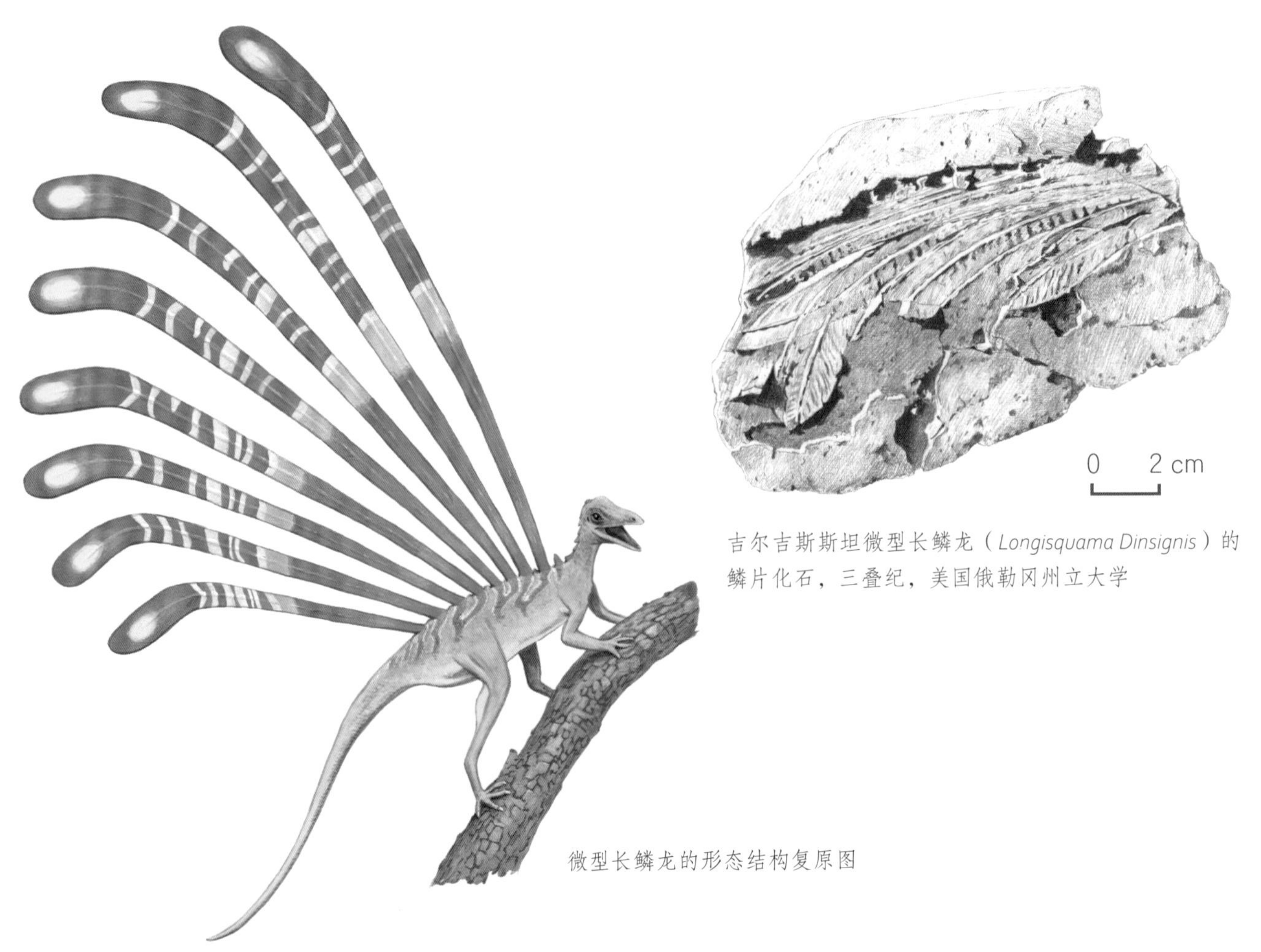

吉尔吉斯斯坦微型长鳞龙（*Longisquama Dinsignis*）的鳞片化石，三叠纪，美国俄勒冈州立大学

微型长鳞龙的形态结构复原图

虽然微型长鳞龙是一种生活在中生代早期的四足动物，但它们不属于恐龙家族。同时，虽然背上那些长长的像曲棍球棒的鳞片呈扇形展开，但它们也并不是蜥蜴和孔雀杂交的产物。

化石身份及其家族的秘密

是否将长鳞龙归入四足动物家族中，对此古生物学界还存在争议。大多数古生物学家将其划归在包括鳄鱼和恐龙的主龙型动物家族中。

◀ 我们的长相是天生的，就是有点儿怪！

长鳞龙的长足趾上长有趾甲。它们的背部有很多长长的鳞片，呈扇形排列，可能是用来调节体温的。有些人曾设想这些鳞片还有其他的功能，比如是一种遮阳伞，保护小长鳞龙免受三叠纪时期超强烈的阳光照射；或者是捕捉昆虫时用的捕虫网；或者是用来吸引异性的装饰物。如果最后一个假设是正确的，那么这些鳞片当时可能会像孔雀的羽毛一样五颜六色。

小故事 ▶

第一批长鳞龙化石是在1969年被挖掘出来的。古生物学家最初认为长鳞龙的长鳞片是羽毛，它们成对地长在长鳞龙的脊背上，能像翅膀一样在身体两侧展开，这样长鳞龙就可以在树和树之间滑翔。尽管这个解释有点儿不太现实，但我们仍然可以在网络上看到根据这种猜测做出的形态复原图。

你知道吗？

21世纪初，有古生物学家提出了一个大胆的猜测，认为在长鳞龙背上向上延伸的长东西是植物的痕迹，这东西与动物根本不相关。但这个猜测很快就被推翻了，因为通过更细致的观察和研究，人们发现长鳞片在长鳞龙的脊椎上有连接点。

有爪子的蛇

“蝰蛇，伸出你的爪子来！”听到这样的话，你一定很诧异，世上居然有长爪子的蛇？它们应该只是神话传说中的一种动物吧？的确，我们在神话传说里经常会见到这样的动物，但在环抱四足蛇化石被发现后，我们可以断定，长爪子的蛇并不仅仅存在于神话传说中，它们真实地存在过。

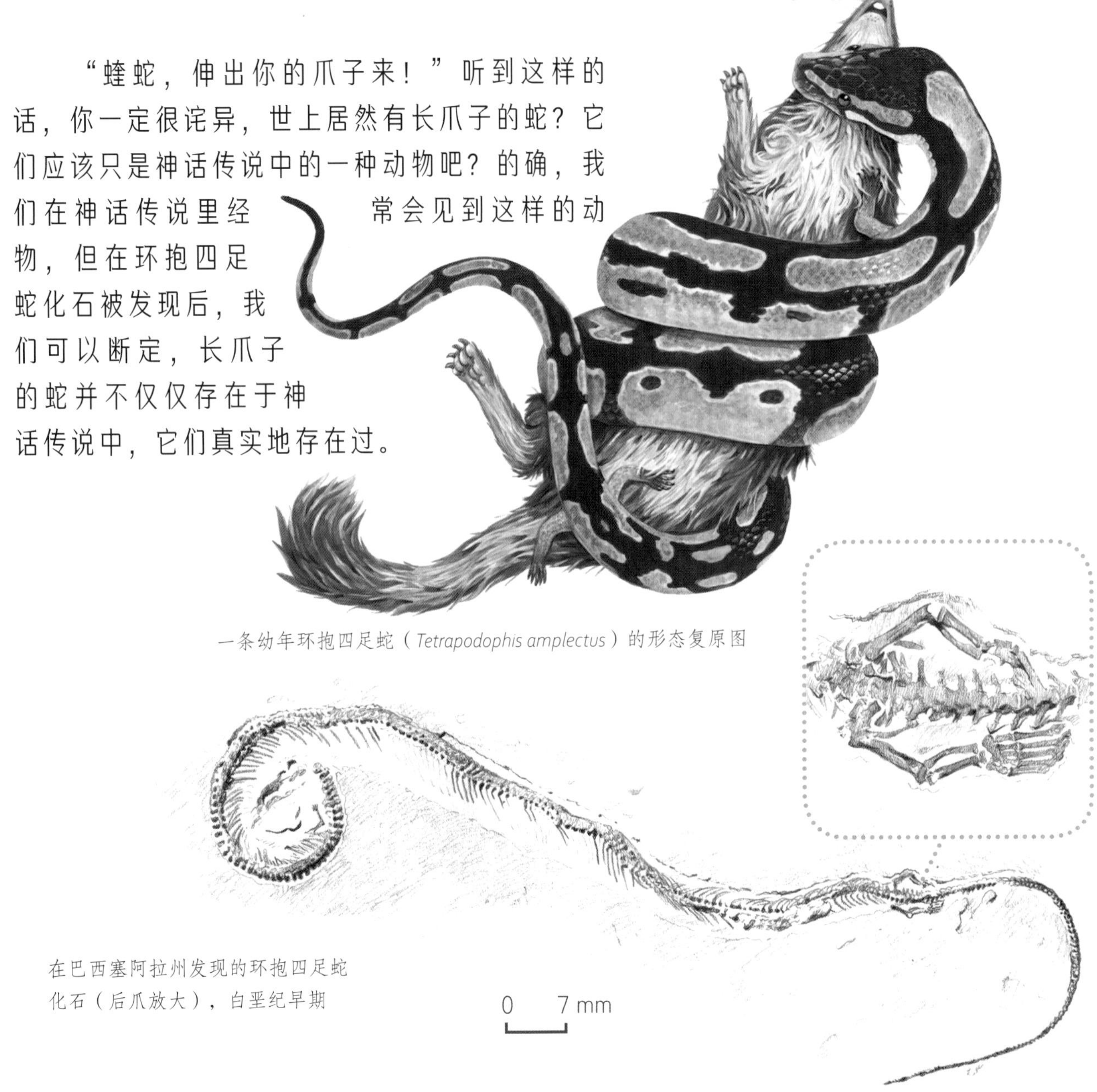

一条幼年环抱四足蛇（*Tetrapodophis amplectus*）的形态复原图

在巴西塞阿拉州发现的环抱四足蛇化石（后爪放大），白垩纪早期

化石身份及其家族的秘密

尽管环抱四足蛇有爪子，但发现它们的古生物学家还是认为它们是真正的蛇，是属于包括蛇和蜥蜴在内的有鳞目里面的蛇亚目动物。也有一些古生物学家持相反的观点，认为它们是一种体形超长的蜥蜴。

◀ 我们的长相是天生的，就是有点儿怪！

环抱四足蛇到底是体形超长的蜥蜴，还是蛇的一种呢？化石上显示它有长长的有鳞片的腹部和相对短小的尾部，这些特征倾向于说明它们是蛇的一种。4个有足趾的爪子让这种动物看起来非常特别，这些爪子是做什么用的呢？估计不是用来游泳的，也不是用来行走的，会是它们用来抓取猎物的吗？

小故事 ▶

英国古生物学家大卫·马蒂尔和他的学生一起参观德国索伦霍芬的巴伐利亚博物馆。突然，马蒂尔停了下来，他发现了一块四足动物的化石标本，标签上写着“未定属”。博物馆的负责人告诉他，这块化石产自巴西，但是他们并不知道它是怎样来到德国的。这让大卫·马蒂尔产生了极大的兴趣，在进行了大量的研究后，大卫·马蒂尔在2015年发表了一篇科学论文，让大家都认识了这种古怪的动物。

你知道吗？

四足动物的“伯父”

在白垩纪晚期的地层中，古生物学家发现了另一块有爪的蛇化石，但所谓的“爪”仅仅是2个退化了的无功能的后肢。现在的蛇类动物中，蟒和蚺也有2个微小的退化的后肢。如果环抱四足蛇确实是一条蛇的话，并且是已知最古老的蛇之一，那么它们有完备的四肢这个事实，将是蛇与蜥蜴之间亲缘关系很近的有力证据。

泰坦巨蟒

“去上学之前，”皮埃尔说，“我需要吃一碗美味的牛奶麦片粥！”

“你在开玩笑吧？”塞西尔回答，“两片面包夹上黑莓果酱，再加上一杯热巧克力奶，这才是美味的早餐！”

“我更喜欢吞下一只肥肥的散发着沼泽水香气的大鳄鱼。”一旁的泰坦巨蟒嘀咕道。刚才说话的两个孩子吓得目瞪口呆，两眼直勾勾地看着这条大蛇……

在南美洲哥伦比亚塞雷洪地区发现的塞雷洪泰坦巨蟒化石（*Titanoboa cerrejonensis*）的形态复原图，女士人像是比例参照物，古新世，参考美国史密森学会的标本模型绘制

化石身份及其家族的秘密

泰坦巨蟒是蛇类家族的蚺亚科动物，蚺亚科现存的代表物种是蚺和水蚺。塞雷洪泰坦巨蟒是泰坦巨蟒的一个种。

◀ 我们的长相是天生的，就是有点儿怪！

泰坦巨蟒高达1米，长达14米，重达1 000千克，就凭这些令人惊讶的身体参数，它们堪称是世界上最大的蛇了，就连霸王龙都没有像它们这么长的身体。泰坦巨蟒在第三纪初期，生活在类似于现在南美洲哥伦比亚地区的热带森林里，它们一生中有一部分时间在水中度过，可能是以大鱼和鳄鱼为食。

两个小故事 ▶

2012年人们按照泰坦巨蟒在自然界中的真实大小制作出了一个模型复制品，用于宣传美国的一档电视节目。之后，这个模型复制品便不停地从一个博物馆旅行到另一个博物馆。加拿大艺术家查理·布林森于2015年制作了一个泰坦巨蟒电动机器人，我们在网络视频中可以看到机器人身上那些闪闪发光的金属环。

你知道吗？

与现存的蟒蛇相比，泰坦巨蟒的食谱其实并没什么特别的。我们经常在视频网站上看到蟒蛇捕食鳄鱼的场景。大蟒蛇对食物的选择有时并不太“聪明”，比如南非蟒蛇会毫不犹豫地吞下重量超过10千克的豪猪。那么问题来了，如果它们在吞噬豪猪的时候遇到了麻烦，为了脱身，它们又会试图把猎物反方向从肚子里吐出来。这时，豪猪的棘刺就会穿透南非蟒蛇的皮肤。

吼！

惊悚可怕的带毛恐龙化石

很长时间以来，人们都以为地球上的生物只有鸟类有羽毛，后来人们推测羽毛可能是鸟类和小型食肉恐龙的共同特征。

四翼“盗贼”

顾氏小盗龙（*Microraptor gui*）的形态复原图

顾氏小盗龙化石（中国辽宁省），白垩纪早期，中国科学院古脊椎动物与古人类研究所

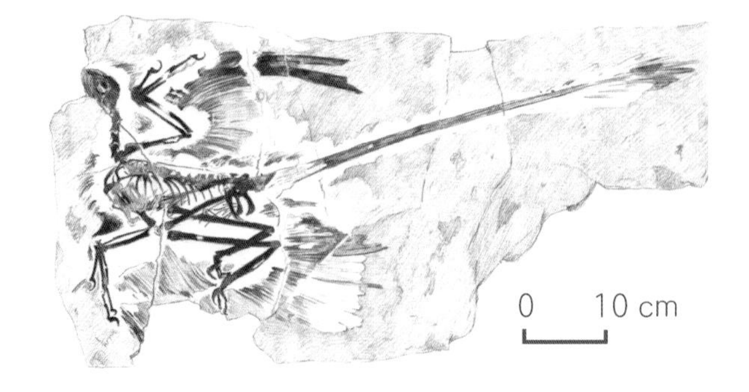

自20世纪90年代以来，中国在古生物学方面有了一些让人称奇的发现，比如大多数小型食肉恐龙都用2条后肢行走，它们的身体上都有羽毛。之后，中国的古生物学家又发现了这种四肢带有羽毛的小型食肉恐龙，真是太令人惊讶了！

化石身份及其家族的秘密

恐龙是蜥形纲动物，它们的主要特征是能像哺乳动物一样用四肢站立。小盗龙是兽脚类食肉恐龙，属于驰龙科，驰龙科动物与鸟类的亲缘关系很近。顾氏小盗龙是小盗龙的一个种。

我们的长相是天生的，就是有点儿怪！

据说，小盗龙的身体和四肢覆盖着浓密的黑蓝色羽毛，尾部长有长长的尾羽，可以呈扇形张开。自从第一批小盗龙化石被发现之后，古生物学界就开展了激烈的辩论和深入的研究。不过，大多数古生物学家都认为，小盗龙可以利用叠合的翅膀在树林中滑翔。它们的2个翅膀有点儿像飞机的机翼，长长的尾羽在飞行中帮助它们控制方向。

小故事

当时，一些古生物学家以为发现了一个与鸟类亲缘关系非常近的有翼恐龙化石新种！糟糕的是，后来发现这个化石其实是由不同种类的恐龙化石碎片组合在一起的，古生物学家称之为“嵌合体”。不过，一名中国古生物学家还是从这些化石中注意到有一个种类可能是未知的动物新属。经过研究之后，他将这个动物新属命名为小盗龙（*Microraptor*）。目前，古生物学家已经发掘出了好几具完整的小盗龙个体化石。

你知道吗？

2014年，一个驰龙科动物的新种被发现了，名字叫杨氏长羽盗龙（*Changyuraptor yangi*），有4个羽翼。这个在中国发现的化石动物新种，看起来像只火鸡，长着一条引人注目的尾巴；尾巴上面长着30厘米长的尾羽，是所有已发现的带毛恐龙中尾羽最长的一种。这一发现再次证明了兽脚亚目驰龙科的一些种类可以滑翔的观点是正确的，尾羽在它们降落过程应该能起到保持身体平衡的作用。

身着美丽羽毛的“暴君”

你知道吗，与华丽羽王龙亲缘关系最近的居然是地球上最可怕的恐龙——霸王龙。华丽羽王龙全身覆盖着羽毛，它看起来是不是像一只特别大的鸵鸟？事实上，除了牙齿和鸵鸟不一样，它们的尾巴和爪子都与鸵鸟非常像。

华丽羽王龙的形态复原图（中国辽宁省），女士人像作为比例参照物，白垩纪早期，参照美国纽约自然历史博物馆的模型绘制

化石身份及其家族的秘密

华丽羽王龙（*Yutyrannus huali*）和霸王龙一样，都属于兽脚亚目暴龙超科，而霸王龙出现的年代更晚一些，大约是距今6 600万年的白垩纪晚期。

◀ 我们的长相是天生的，就是有点儿怪！

长约9米、体重约1 500千克的成年华丽羽王龙是非常厉害的捕食者。它们的身上长着约15厘米长的丝状羽毛，是目前发现的最大的带羽毛恐龙。除了天气非常寒冷的情况，一般来说，只有小型动物需要皮毛或羽毛来保持它们身体的温度。

小故事 ▶

盗王龙属暴龙科的一种，暴龙科是恐龙家族中最凶猛的一类恐龙。盗王龙认为它从来不犯错误，相反那些选择保持沉默的主儿才是犯了错误的。所以如果谁认为它犯了错误，它就会大发雷霆。它跺跺脚，能让整个白垩纪森林都为之颤抖……以上是勃朗特姐妹写给小朋友们的故事片段。如果盗王龙也有漂亮的羽毛，它的脾气会好一些吗？

你知道吗？

保存完好的华丽羽王龙的化石，采自中国辽宁省距今1.33亿～1.20亿年的地层中。在当时，那里是一个多湖的地区。除羽毛外，古生物学家在那里还发现了一些有颜色的生物化石，比如有颜色的生物软组织、植物的花等。火山喷发过程中的火山灰可能是造成生物死亡的原因。同时，也是因为有火山灰的堆积，化石才得以完整保存。

带羽毛的“素食者”

萨白卡尔古林达奔龙（*Kulindadromeus zabaikalicus*）的形态复原图（西伯利亚），距今大约1.6亿年

2013年，在西伯利亚东南部的侏罗系地层，发现了一种全身长满了丝状羽毛的小型植食性恐龙的化石。现在我们知道了，这种恐龙叫古林达奔龙，它们不仅是有史以来发现的最古老的带羽毛的恐龙，而且是第一个被发现的带羽毛的植食性恐龙。

化石身份及其家族的秘密

古林达奔龙是体长约1米、用两足行走的恐龙，它们属于带羽毛的鸟臀类植食性恐龙家族。萨白卡尔古林达奔龙是古林达奔龙的一个种。

◀ 我们的长相是天生的，就是有点儿怪！

古林达奔龙用2个细长的后肢行走；它们的2个前肢很短，每个前肢有5个足趾，每个足趾上都长着长长的爪；它们的牙齿表明它们是植食性的恐龙；它们的躯干和头部长有羽毛，尾巴和四肢上有鳞片。古林达奔龙生活在湖泊和河流的环境中。在发现它们的头骨化石的附近，人们发现了松柏类、蕨类和木贼类植物的枝干化石，这些植物应该就是它们的食物。

小故事 ▶

从前有一种恐龙，因为他很小，大家都称他为小小龙。有一天，他的妈妈对他说："小小龙，去你外婆家一趟吧，把这棵蕨和这个装满水的贝壳带给她。"于是小小龙离开了森林，向他外婆家出发了。就在这时，他遇到了暴龙——恐龙家族里最凶残的家伙……这是法国一名叫布留恩的作家所写的故事片段。你可能猜到了，这个小小龙就是一只长有羽毛的幼年古林达奔龙，故事里的它可是拳击冠军哦。

你知道吗？

古林达奔龙是古生物学中的一个重大发现，它们彻底改变了我们对已灭绝动物的认知。以往，人们认为只有兽脚类恐龙（包括现在鸟类的祖先）才长有羽毛，但其实包括古林达奔龙在内的鸟臀类恐龙也有一些是长有羽毛的。后来的一些大型鸟臀类恐龙，比如三角龙，又在进化的过程中失去了羽毛。

恐怖的鸟

“砰”的一声！巨大的陨石坠落在墨西哥湾。此后地球上大约70%的生物消失了。庆幸的是，有鸟类在此次毁灭性的事件中存活了下来。在进化过程中，有些种类的鸟的体形会增大，比如加斯顿鸟的身体就比一名成年人还要大。

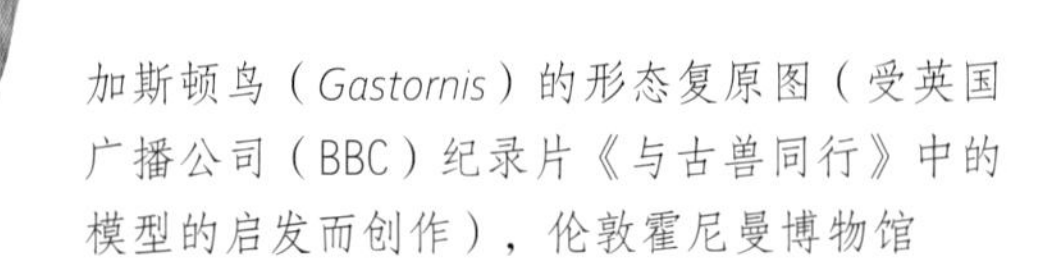

加斯顿鸟（*Gastornis*）的形态复原图（受英国广播公司（BBC）纪录片《与古兽同行》中的模型的启发而创作），伦敦霍尼曼博物馆

0　18 cm

加斯顿鸟化石（美国怀俄明州），始新世，美国俄亥俄州克利夫兰自然历史博物馆

化石身份及其家族的秘密

加斯顿鸟是真正的鸟，属于鸟纲。在新的动物分类体系中，鸟类被认为是兽脚亚目的恐龙，所以应把鸟类称为鸟类恐龙，以区别于大约6 600万年前在白垩纪至第三纪灭绝事件中灭绝的非鸟类恐龙。

◀ 我们的长相是天生的，就是有点儿怪！

“加斯顿鸟”的意思是“加斯顿发现的鸟”，发现加斯顿鸟化石的人是加斯顿·普兰特（1834—1889），他是法国的物理学家。在距今5 500万～4 000万的第三纪初期，加斯顿鸟在欧洲和北美生活，但它们不能飞行，只能像现在的鸵鸟一样行走和奔跑。由于身材超高、喙巨大，加斯顿鸟被人们称为“恐怖的鸟”。

小故事 ▶

我们一般能想象这样的场景：一只巨大的恐龙，它的牙齿如刀一样锋利，正在轻松愉快地咀嚼猎物。但现在我们需要想象与之前不一样的场景：一只哺乳动物正在咬食一只小恐龙！请不要怀疑它的真实性，在中生代就会有这样的事情发生。人们在中国就发现了一种哺乳动物的化石，它的体内含有已经被消化了一部分的小恐龙的遗骸。

你知道吗？

6 600万年前，陨石撞击和火山喷发把地球弄得乱七八糟，菊石和恐龙因此灭绝了。为什么鸟类渡过了这个难关，没有像恐龙那样在灾难中灭绝呢？这似乎是由于它们体形小，而且与恐龙的饮食偏好不同——以昆虫或植物的种子为食，这有助于它们在非常艰难的环境中存活下来。

杜兰特，前方
有冰山！

奇幻莫测的水生生物化石

古生代、中生代和第三纪时期的海洋里到底发生了什么呢？好吧，我们现在就来说一说。那时，各种各样的生物在水里生存，它们一波接一波地出现，一波比一波长得奇特。在生物演化的历程中，一些生物彻底灭绝，同时，又有一些生物开始出现，它们中的很多种类都长得怪异可怕。地球以它特有的方式——一层层的地层沉积物，一个个生物化石，向我们展示了在漫长的地质历史时期曾发生过的场景。

巨大的海洋“战舰”

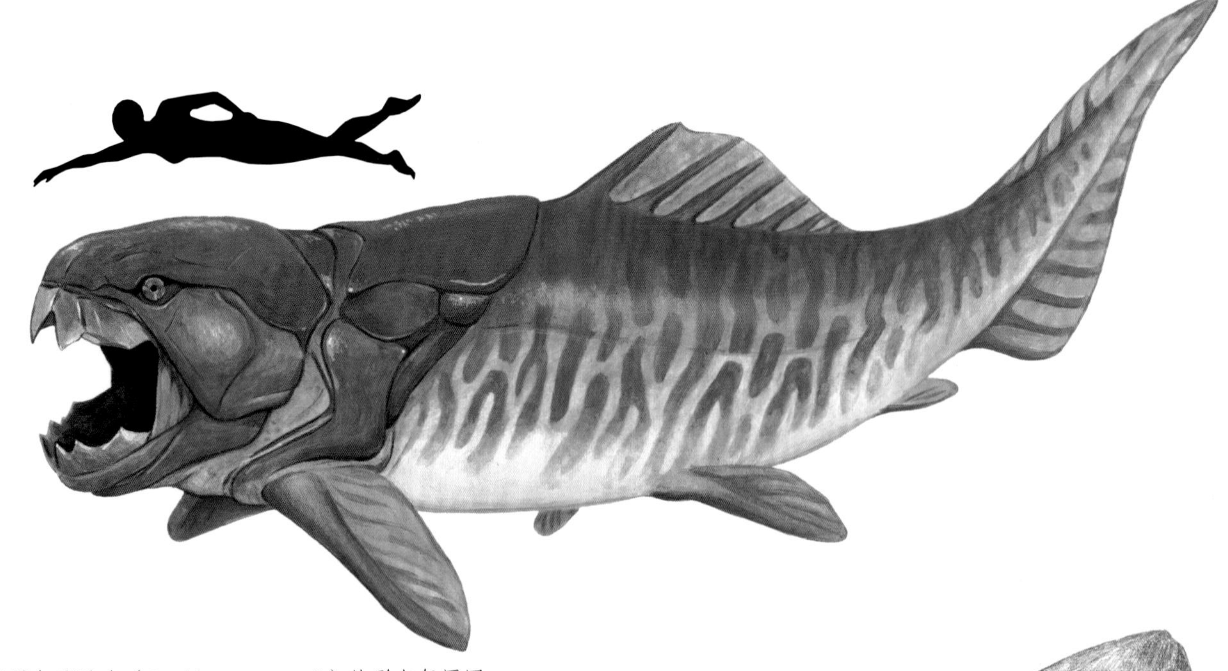

泰雷尔邓氏鱼（*Dunkleosteus terrelli*）的形态复原图，
游泳人像作为比例参照物

“在看似平静的泥盆纪海洋中，突然出现了一个穿着铠甲的怪兽。它慢慢地向前游动着，突然张开巨大的嘴，上面嵌着如刀片一样锋利的牙齿。场面立刻混乱起来，原本心平气和的作家也丢掉了他的键盘，试图通过游泳来逃离现场，但是他已经被眼前的黑洞吸住了，无法动弹……”幸好，这只是一场噩梦！

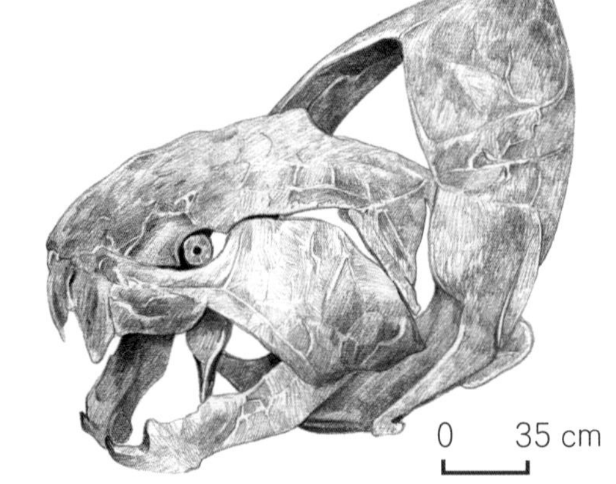

邓氏鱼的头骨化石，泥盆纪，美国俄克拉荷马大学山姆·诺贝尔自然历史博物馆

化石身份及其家族的秘密

邓氏鱼属于盾皮鱼纲，盾皮鱼纲属于原始有颌鱼类。泰雷尔邓氏鱼是邓氏鱼的一个种。邓氏鱼身披骨甲，生活在志留纪至泥盆纪时期，大约在距今3.59亿年的泥盆纪末期灭绝，恰恰是在恐龙出现之前。

◀ 我们的长相是天生的，就是有点儿怪！

邓氏鱼有小型客车那么大，体重超过1 000千克，看上去就像是个怪物。邓氏鱼身体的前半部覆盖着厚重且坚硬的外骨骼，没有真正的牙齿，代替牙齿的是位于吻部的头甲上下延伸形成的类似牙齿的结构，如铡刀一般，非常锐利，能切断任何猎物。它们可能以鱼类和大型头足类动物为食。在一条邓氏鱼的外骨骼化石上，可以看到它曾经被咬食过的痕迹，这表明它和被捕食的猎物可能有过一场激烈的"战斗"。

小故事 ▶

邓氏鱼还是很多线上电子游戏里的角色。比如在某个游戏中，为了在一个隐藏有众多邓氏鱼的岛屿上存活下来，你必须用越来越复杂的材料制作你的装备，去应对越来越难的游戏关卡——如果你想骑上恐龙，就需要制作一个与你的坐骑形态相匹配的鞍座；当你想游泳时，请不要忘记戴上潜水防护面具，以免与这些身披铠甲的水下怪兽不期而遇！

你知道吗？

邓氏鱼、霸王龙和稍后要介绍的巨齿鲨，是为数不多的具有超强撕咬能力的物种。邓氏鱼的上下颌骨开合产生的压力，可能是白鲨的2倍多。身披铠甲的邓氏鱼还有另一项超级本领，它们可以在发现猎物的一秒钟内就张开嘴，同时形成强大的吸力，将猎物吸进喉咙。

蛇颈龙

蛇颈龙的头很小，脖子巨长，身体如同大大的水桶，有4个大鳍和1条短尾巴。自从1821年被英国古生物学家玛丽·安宁发现以来，它们便一直在早期怪异生物家族中占有一席之地。

海霸龙（*Thalassomedon haningtoni*）的骨架（美国科罗拉多州），白垩纪晚期，美国纽约自然历史博物馆

海霸龙的形态复原图，游泳人像作为比例参照物

化石身份及其家族的秘密

蛇颈龙是大型水生脊椎动物，包括海霸龙等多个种，它们都属于长相类似蜥蜴的蛇颈龙亚目动物家族。蛇颈龙不是恐龙，大概在白垩纪末期的生物灭绝事件中消失。

◀ 我们的长相是天生的，就是有点儿怪！

据古生物学家推测，蛇颈龙与上龙的身体长度都能够达到15米，因此人们经常把两者混淆。的确，它们的外形看上去很像，都是食肉动物且都生活在中生代的海洋中。与蛇颈龙相比，上龙的脖子更短一些。同时上龙具有更加坚硬的颌和尖锐的牙齿，能形成更强大的咬合能力。不过蛇颈龙也不相上下，古生物学家曾在蛇颈龙的化石中，发现蛇颈龙的体内竟然存有菊石的外壳。

小故事 ▶

起初水面上到处都是它们的头，它们就如同蛇一样从水里伸出头来……渐渐地，它们在水中直起身体，优雅地摆动着像天鹅一样的脖子……有一种动物扭动着身体向我们附近的沙滩走来，就这样露出了桶形的身体和巨大的鳍……“蛇颈龙！淡水蛇颈龙！”萨默里大声喊着，“我以为我要活足够久才能看到这个大家伙呢！”——以上关于蛇颈龙的描述可以在阿瑟·柯南·道尔（1859—1930）的科幻小说《失落的世界》中看到。

你知道吗？

蛇颈龙会像阿瑟·柯南·道尔的小说里描写的那样，仍然在这个世界上存在吗？很多人都认为传说中的尼斯湖水怪可能是蛇颈龙，一直生活在苏格兰北部的尼斯湖里，甚至有人拿出在那里拍摄的照片，以证明照片中的动物就是蛇颈龙。然而，蛇颈龙的颈部根本不像尼斯湖水怪目击者所描述的样子。在古生物学家看来，照片里的东西更像一根浮木或一条六须鲶鱼。

四足鲸

鲸在以前并不总是像我们现在看到的那样，拥有巨大的体形。在第三纪初期，它们的体形比现在要小得多，那时它们拥有附肢，会将它们的后代生在陆地上。从遗传学角度讲，鲸与河马的亲缘关系很近。

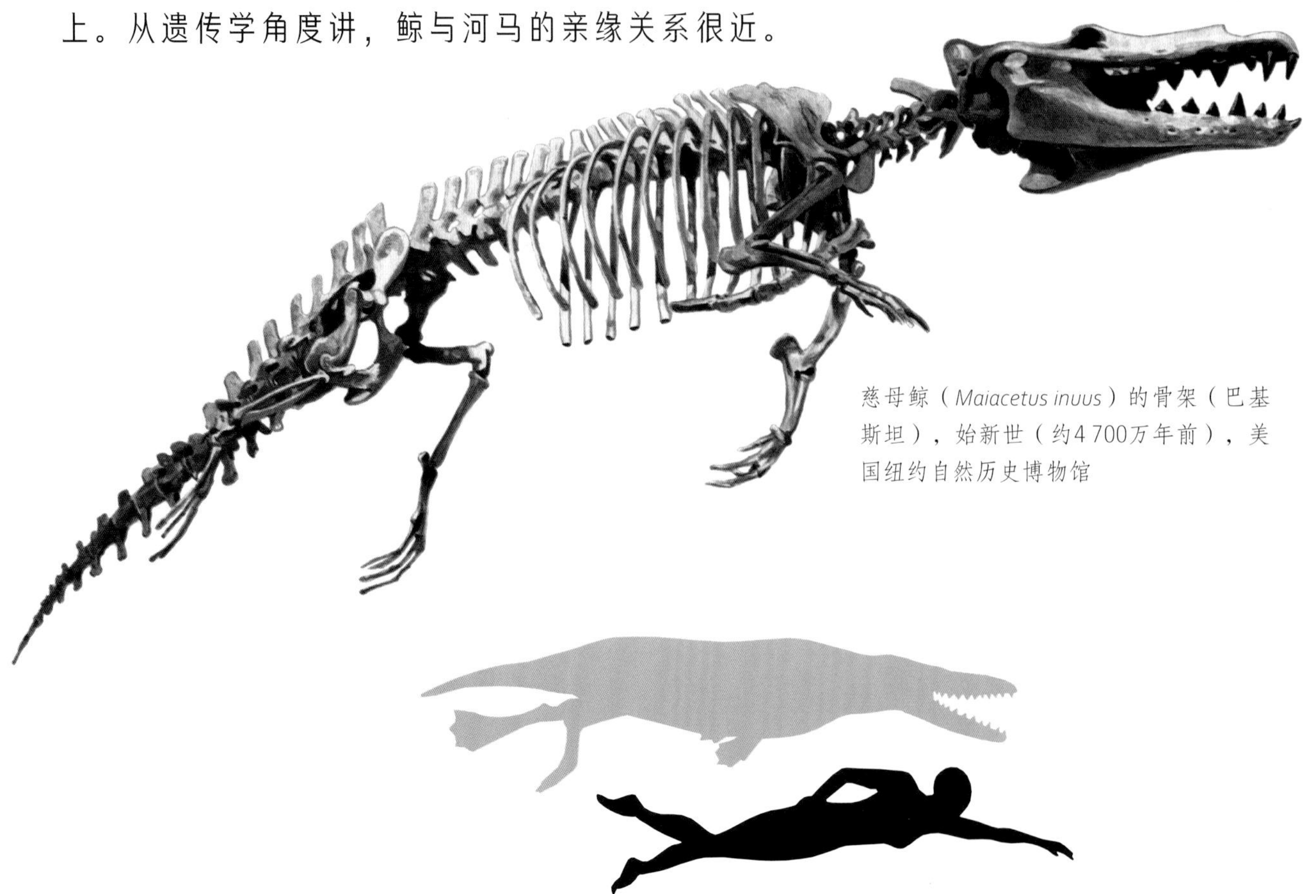

慈母鲸（*Maiacetus inuus*）的骨架（巴基斯坦），始新世（约4 700万年前），美国纽约自然历史博物馆

慈母鲸的形态复原图，游泳人像作为比例参照物

化石身份及其家族的秘密

慈母鲸和现代的鲸一样，都属于海洋哺乳动物的鲸类。鲸类与河马的亲缘关系很近，它们共同的祖先生活在距今大约5 500万年的陆地上。

我们的长相是天生的，就是有点儿怪！

慈母鲸是半水生动物，它们的化石显示它们有能够捕食鱼类的牙齿，也就是说它们可能是以鱼为食。雄性慈母鲸的体形要比雌性的体形大很多。它们在水中用四肢游动，爪子可能是蹼状的，但是它们也可以在陆地上行走。慈母鲸的祖先是一种带毛的食肉动物，体长不到2米，生活在距今约5 000万年前的陆地上。

小故事

在阿根廷巴塔哥尼亚地区有一个传说：鲸和人类一起生活在地球上，孩子们总是在鲸的背上玩滑梯。有一次，在鲸打哈欠的时候，它不小心将附近的羊驼和村民吸进了巨大的喉咙里。于是，山神决定把它的附肢变成鳍，将它推入海中……这个故事是韦罗妮克·马斯诺和佩吉·尼尔在《水里的鲸》中讲述的。

你知道吗？

慈母鲸字面的意思是“慈祥的鲸妈妈”。原因是2000年在巴基斯坦发现的化石中，里面记录的恰好是一个鲸妈妈分娩的场景，鲸宝宝的头对着鲸妈妈的尾部。这与陆地上哺乳动物分娩时的姿态相同，这表明慈母鲸的宝宝当时是在陆地上出生的。在现生的鲸家族里，鲸宝宝从鲸妈妈肚子里出来的时候，则是尾巴先出来。

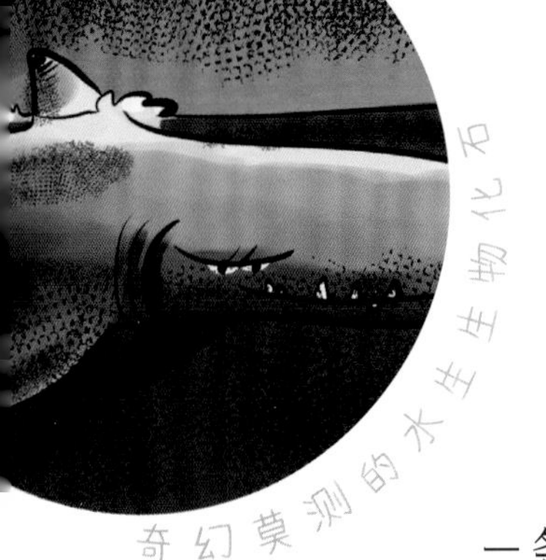

巨齿鲨

一条鲨鱼同时可以猎食2条小须鲸，这真是一幅让人心惊肉跳的画面！巨齿鲨的体长可能超过16米，体重约为50 000千克，甚至可能更重，它的下颚威力巨大，是有史以来十分凶猛的水生食肉动物之一。

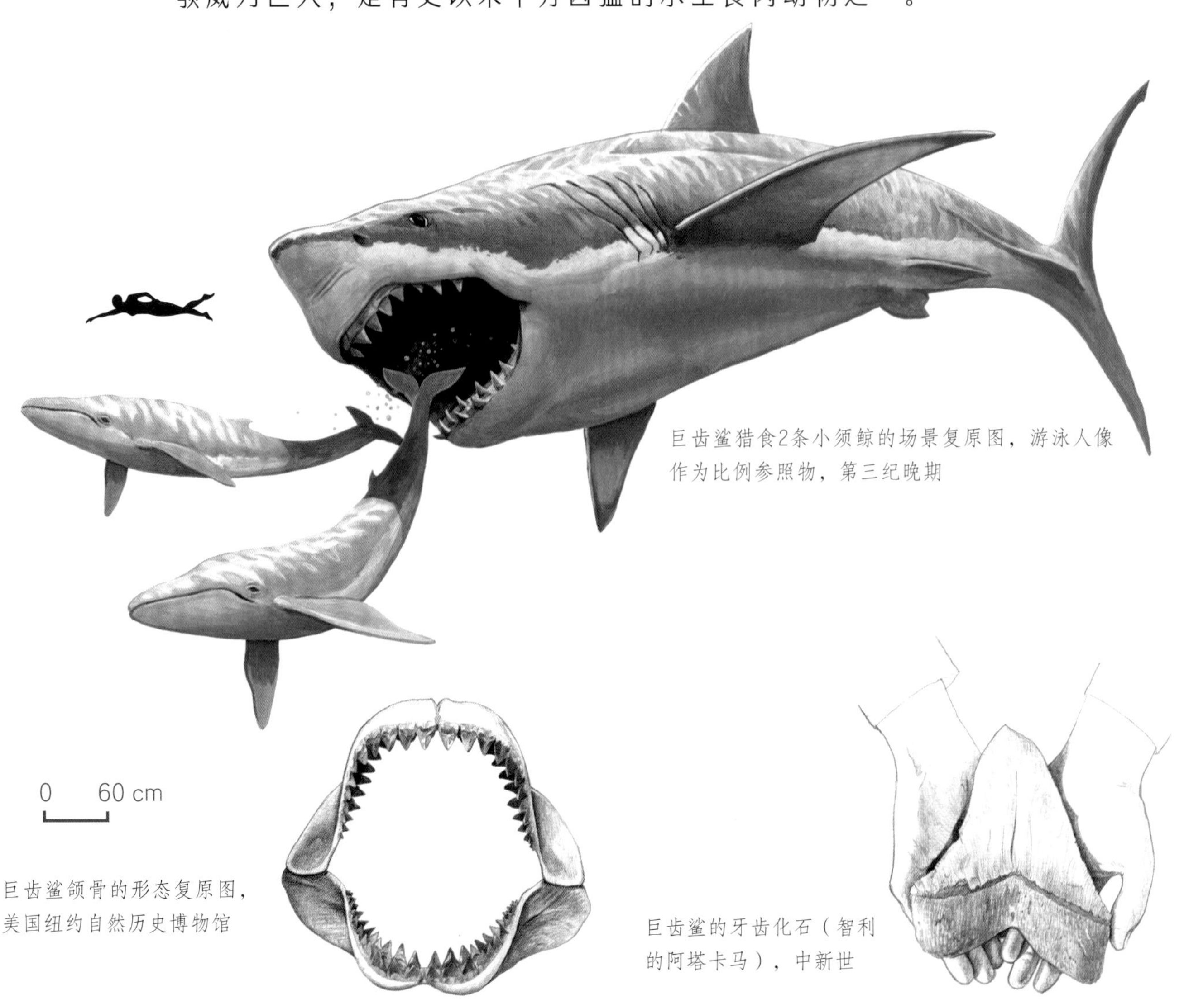

巨齿鲨猎食2条小须鲸的场景复原图，游泳人像作为比例参照物，第三纪晚期

巨齿鲨颌骨的形态复原图，美国纽约自然历史博物馆

巨齿鲨的牙齿化石（智利的阿塔卡马），中新世

化石身份及其家族的秘密

巨齿鲨是一种体形巨大的鲨鱼，属于软骨鱼类。软骨鱼类的内骨骼完全由软骨组成，无任何真骨组织，主要有鲨鱼、鳐鱼和银鲛鱼。

◀ 我们的长相是天生的，就是有点儿怪！

巨齿鲨的牙齿化石数量众多，但是它们的椎骨化石却非常少见，因为它们的内骨骼完全由软骨组成，一般很难保存下来。古生物学家将巨齿鲨的牙齿化石与现存的大白鲨的牙齿进行了对比，并根据牙齿与身长的比例最终推算出了巨齿鲨的身长。巨齿鲨可能主要以鲸类为食，它们的下颚能够压碎一只体形中等的鲸的胸部。

小故事 ▶

巨齿鲨还是恐怖电影中的明星，在电影《狂鲨大战恶章》中，声呐（声波定位仪）使得鲸惊恐不安，它们撞上一块大浮冰。大浮冰破碎后，2头被封存在冰内的古代怪兽——巨齿鲨和大章鱼被解救出来。它们之间发生了一场大战，巨齿鲨最终击败了大章鱼。巨齿鲨在下一部电影《巨齿鲨大战大白鲨》中仍是主角。在电影编剧们的笔下，巨齿鲨是无所畏惧的。

你知道吗？

巨齿鲨是否真的从地球上消失了？经常有人提出这种疑问。古生物的魅力之一，就是吸引人们不断寻找它们是否还存在的证据。现有的研究已证明，巨齿鲨已在100万年前灭绝。倘若它们能存活至今，一定有机会成为海洋霸主。

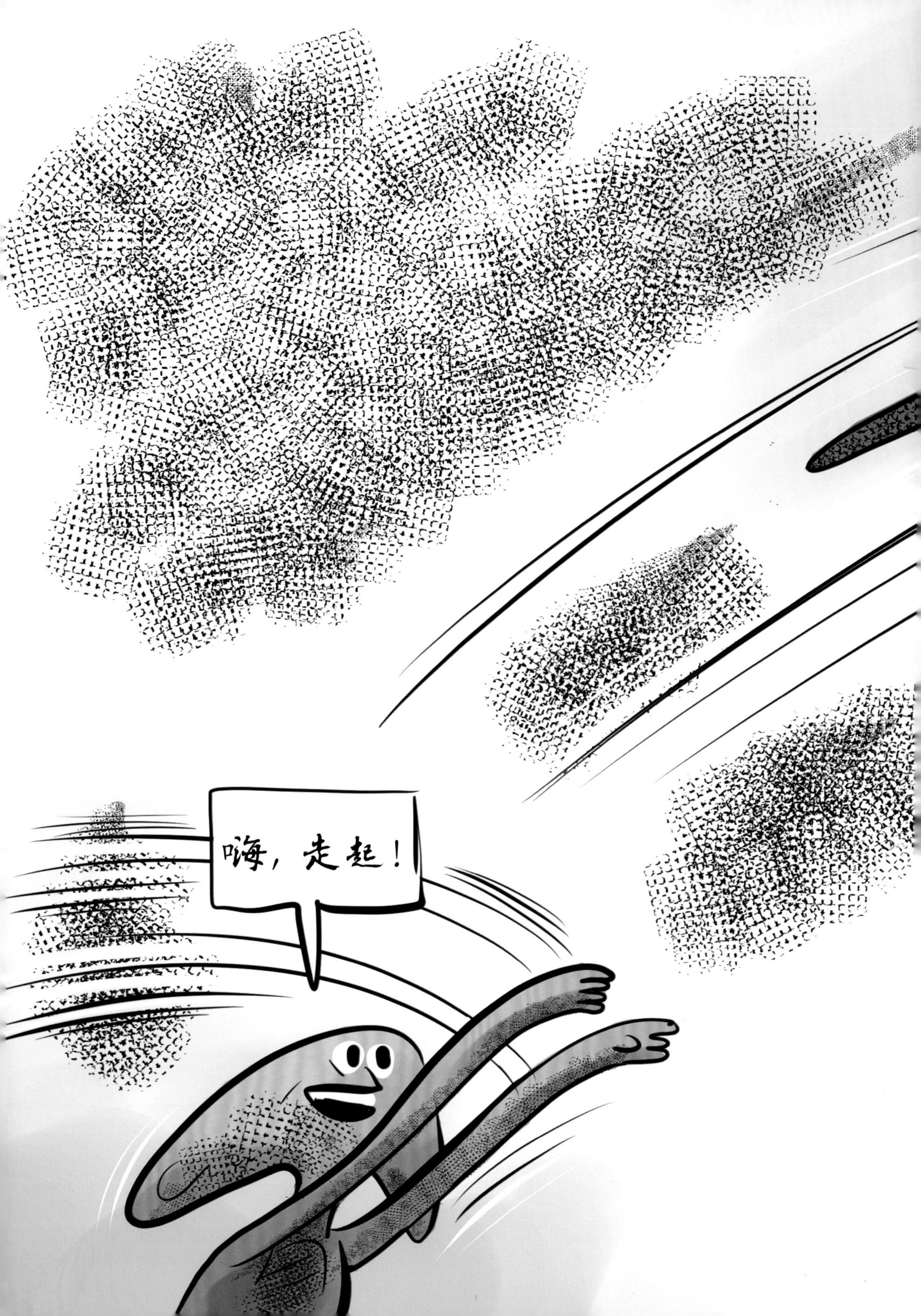
嗨，走起！

古怪奇异的头骨化石

科学家们还发现了一些奇特的化石，有的像回旋镖，有的像一个卷起来的锯子，有的像一个长满了刺的天线……这些化石从何而来呢？它们曾经经历过什么呢？为什么它们的样子都这么奇特呢？

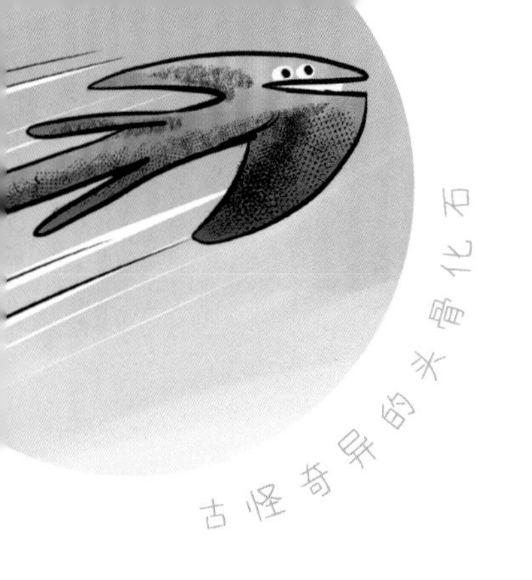

头如回旋镖的两栖动物

你是否想抓住这只奇怪动物头骨化石的一端，然后用尽全力将其投掷出去？你觉得它被投掷出去飞行一大圈后，会真的像回旋镖一样飞回来吗？你可能永远都不会知道结果，因为没有任何一个博物馆的负责人会同意你用他们的标本来做这件事……

大角笠头螈（*Diplocaulus magnicornis*）的头骨化石（美国得克萨斯州），二叠纪，美国芝加哥菲尔德自然历史博物馆

大角笠头螈的形态复原图

化石身份及其家族的秘密

笠头螈就和现在的青蛙、蟾蜍和蝾螈一样，是两栖动物，但它们属于两栖动物纲下面和青蛙、蟾蜍、蝾螈不同的亚纲——壳椎亚纲。由此可知，它们并不是青蛙、蟾蜍和蝾螈的祖先。大角笠头螈是笠头螈的一个种。

◀ 我们的长相是天生的，就是有点儿怪！

身长达1米的笠头螈是半水生动物，它们在淡水中生长发育，并将卵产在淡水中。它们那形状非常特殊的头骨可能是为了防御，避免自己被捕食者伤害，或许这个回旋镖形状的头骨会卡在捕食者的喉咙中！头骨也可能像盾牌一样能保护笠头螈柔软的身体。当笠头螈沉入水底的时候，这个奇怪的头骨也可以起到一定的缓冲作用。

小故事 ▶

在澳大利亚，有这样一个传说：很久以前，澳大利亚的天空特别特别低。人们无法站立，只能匍匐而行。一天，一位酋长挥动着权杖说：“我将用我的权杖将天空带离地面！”他用权杖推开了天空，此后，人们能够站起来了，袋鼠们也能跳起来了。但是在天空的重压下，权杖又慢慢变弯了，酋长灵机一动，将它扔了出去，权杖在空中飞舞着，将天地彻底劈开后，又朝他飞了回来。回旋镖从此诞生了。

你知道吗？

脊椎动物在长期进化中，最令人称奇的转变就是从鳍变成附肢，也就是从鱼变成四足动物。在泥盆纪，最早拥有四肢的动物是水生动物，它们用有6根或8根足趾的四肢在水底游动或行走，一直到了石炭纪才逐渐适应陆地的环境。笠头螈既会游泳也会行走，真是太强大了！

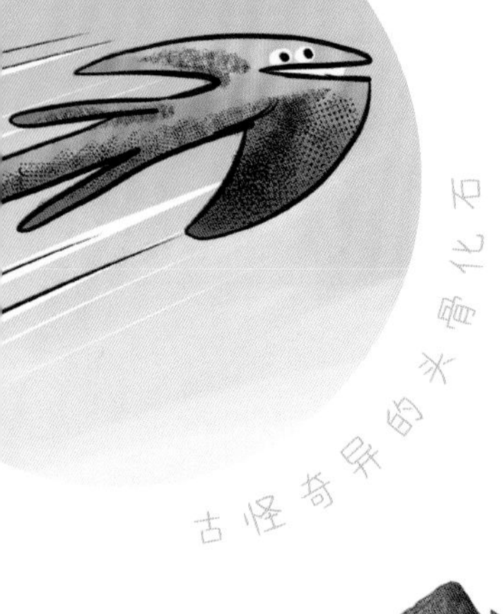

自带“螺旋锯”的鲨鱼

贝松旋齿鲨（*Helicoprion bessonovi*）的环状螺旋形牙齿化石，二叠纪

贝松旋齿鲨的形态复原图，游泳人像作为比例参照物

在贝松旋齿鲨下颌骨的内侧，长着环状螺旋形牙齿。这种长相奇异的捕食者又会猎捕哪些猎物呢？

化石身份及其家族的秘密

旋齿鲨与现存的鲨鱼一样，属于软骨鱼类，贝松旋齿鲨是旋齿鲨的一个种。旋齿鲨的内骨骼完全由软骨组成，但是它们比巨齿鲨要古老得多，它们生活在距今2.9亿～2.5亿年的二叠纪晚期和三叠纪早期，也就是古生代和中生代的交界期。

◀ 我们的长相是天生的，就是有点儿怪！

旋齿鲨的齿圈长在整个下颌骨上。随着身体的不断长大，新牙也会在齿圈的螺旋中心部位不断长出，旧牙则呈螺旋状向外伸展。旋齿鲨会攻击中等体形、身体较为柔软的动物，比如头足类动物或鱼类。人们猜测它们捕食时，先用前面的牙齿逮住猎物后，再用中间的牙齿固定住猎物，在下颌骨闭合时，后面的牙齿就会负责将猎物推入喉咙。

小故事 ▶

1899年，俄罗斯地质学家亚历山大·卡平斯基（1847—1936）首次报告发现了旋齿鲨的螺旋形齿圈化石。这个化石采自乌拉尔山地区，他给这个螺旋形齿圈起了一个意为“螺旋锯”的希腊语名字。和其他软骨鱼一样，除了牙齿之外，旋齿鲨其他部分的骨骼并未保存下来。尽管该化石乍一看像是动物的甲壳，但是卡平斯基经过研究，认为这是鲨鱼身体上的某个结构。

你知道吗？

在发现旋齿鲨头骨化石的碎片之前，没人想到过这种动物是现在这种复原的形象，因为当时人们所了解到的关于旋齿鲨这种动物的信息，只有它们的螺旋形齿圈化石。那么，如何判断这个圈状结构位于身体的哪个部位呢？在当时一些复原示意图中，有的示意旋齿鲨的其中一个颌骨上长有锯齿，并向外翻卷着；有的示意螺旋圈状结构在其下颌骨的端部，或者在其尾鳍上。对此，卡平斯基也曾犹豫过，这个螺旋圈状结构到底是长在口腔的前部，还是背鳍上呢？

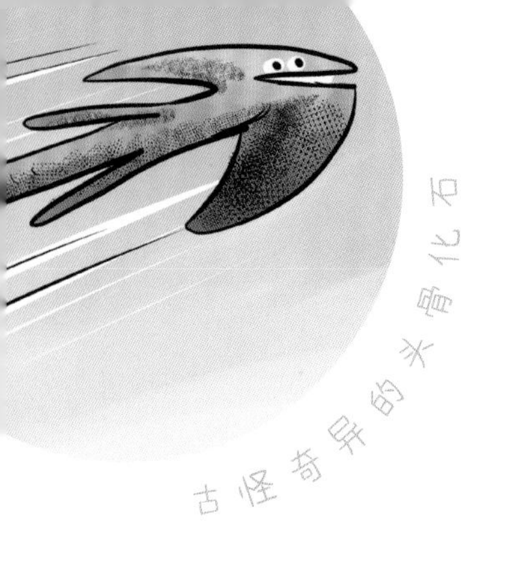

有2个头的“蜥蜴”

希腊神话中有很多多头动物，比如看守地狱之门的塞伯拉斯就有3个头。而我们现在要介绍的这种动物，可是真实存在过的奇妙动物，它们是一种有2个头的长相类似蜥蜴的动物——凌源潜龙，可惜它们在1.2亿年前就灭绝了。

凌源潜龙（*Hyphalosaurus lingyuanensis*）的形态复原图（中国辽宁省），白垩纪

有2个头的凌源潜龙幼体化石（中国辽宁省），距今约1.2亿年

化石身份及其家族的秘密

凌源潜龙属于蜥形纲的离龙目，凌源潜龙是潜龙的一个种。离龙目的所有成员现在都已经完全灭绝了。凌源潜龙和蜥蜴有亲缘关系，它们可不是恐龙。

◀ 我们的长相是天生的，就是有点儿怪！

凌源潜龙脖子长、尾巴大，像一只巨大的蜥蜴，成年的凌源潜龙身长可达80厘米，生活在湖泊中。这个有2个头的凌源潜龙幼体化石是在2007年被人们发现的。在撰写科研论文的时候，作者们必须证明这个化石标本是真实的。因为在有些地区，化石被人们发现后，他们可能会对化石做一些手脚。但是这块化石并不存在这种情况。

小故事 ▶

骑士安格斯先生是一位非常博学的天文学家，他已经观察一只双头蜥蜴好几天了，他确定这只蜥蜴的2个头各自有各自的思考，彼此对身体的支配能力也差不多。当你给这个蜥蜴拿一块面包的时候，你要让它的2个头上的眼睛都能看到，这样的话，你会发现它的其中一个头想要去吃面包，而另一个头却想让其身体保持不动——以上内容出自伏尔泰（1694—1778）的《哲学辞典》一书。

你知道吗？

有2个头的蛇或蜥蜴是很少见的，但并不是没有。这些双头的奇异动物通常是由于胚胎发育畸形所致，脖颈在脊柱上发生了分叉。这些畸形动物大多数都不会长到成年。

粗糙有角的怪兽

我们来看看这个像坦克一样的恐龙吧！它们的头部长着一圈角，就像戴着一圈花一样，它们有美丽的头盾，有令人难忘的眉角，还有漂亮的喙。但是，如果你想吻它们一下，可没那么容易……

温氏角龙（*Wendiceratops pinhornensis*）头部的形态复原图（化石出自加拿大艾伯塔省），白垩纪晚期

化石身份及其家族的秘密

温氏角龙是植食性恐龙，属于爬行动物鸟臀目的角龙科。温氏角龙的化石于2010年在加拿大艾伯塔省被人们发现。

◀ **我们的长相是天生的，就是有点儿怪！**

温氏角龙是北美最古老的有角恐龙，它们的身体长约6米，体重可能超过1 000千克。它们的嘴巴呈喙状，用来切断植物。它们的头盾可能都是彩色的，边缘的装饰物非常有特色，像刘海一样。温氏角龙的身体非常强壮，尾巴又短又粗，体形与犀牛很像。

小故事 ▶

在温氏角龙的拉丁属名Wendiceratops中，ceratops的意思是“有角的脸”，而Wendi则取自这个化石发现者温迪·斯洛博达（Wendy Sloboda）的名字。不过有人认为，这个恐龙的名字可能还受到了温迪·达林（Wendy Darling）的启发。温迪·达林指的是詹姆斯·马修·巴利（1860—1937）的著名小说《彼得·潘与温迪》中的那个小姑娘，她在陪同彼得·潘去梦幻岛之前，将彼得的影子重新缝到他的身体上。这部小说后来被改编成电影搬上了银幕。你有没有发现故事中的霍克船长，他和温氏角龙有一个共同点呢？

你知道吗？

角龙科动物最早出现在侏罗纪晚期的中国，那一时期它们在亚洲和北美洲大量出现。白垩纪晚期的许多大型角龙科动物都有宽大的头盾，颅骨有很多隆起。三角龙属是这个家族中最出名的，而华丽角龙属的长相最奇怪，它们的头盾后端有多达10个角状的伸出物，像刘海一样整齐地排列着。

带着“天线”的飞行怪兽

夜翼龙和雷神翼龙是翼龙家族里的两个小伙伴，它们正在白垩纪时期的天空下相伴而飞。

“喂，喂，雷神翼龙？雷神翼龙？我是夜翼龙！你能听到我说话吗？咔啦，咔啦……”

“我是雷神翼龙，我是雷神翼龙！夜翼龙，我能听到你说话，但是信号不是特别好，杂音很多！”

“那么，请连上你的超级天线，通过它肯定能听得清楚些……”

“你知道，在白垩纪时期的偏远地区，信号都不是特别好……”

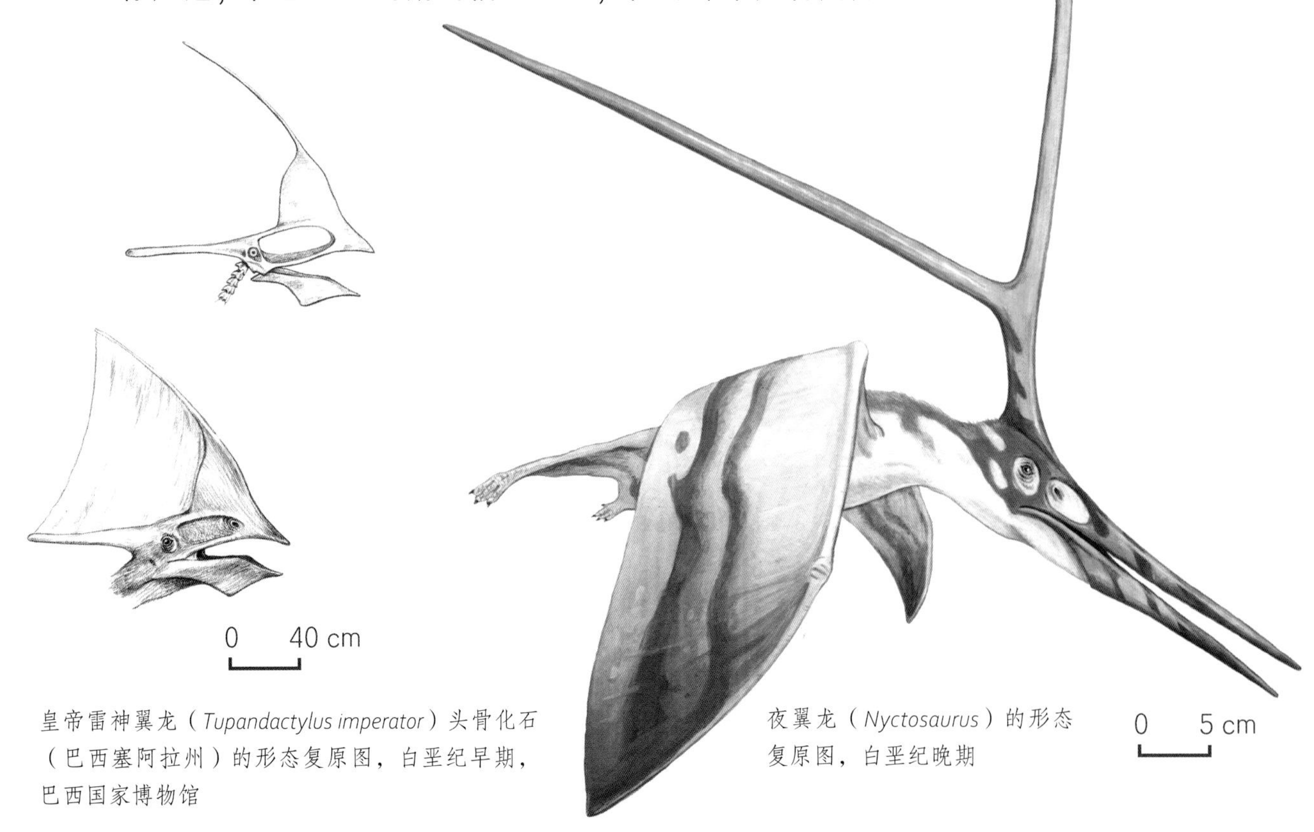

皇帝雷神翼龙（*Tupandactylus imperator*）头骨化石（巴西塞阿拉州）的形态复原图，白垩纪早期，巴西国家博物馆

夜翼龙（*Nyctosaurus*）的形态复原图，白垩纪晚期

化石身份及其家族的秘密

夜翼龙和雷神翼龙属于翼龙家族，皇帝雷神翼龙为雷神翼龙的一个种。这种能够飞行的蜥形类动物在三叠纪时出现，在白垩纪至第三纪的生物灭绝事件中消失了。它们属于翼手龙目，但不是恐龙。

我们的长相是天生的，就是有点儿怪！

夜翼龙和雷神翼龙最明显的特征就是它们都有非常奇特的头冠。夜翼龙的翅膀展开长度可达2米，它们的头冠从头骨斜向后延伸60厘米后分叉，一支伸向高空，另一支指向身体的后面。雷神翼龙的翅膀展开长度可达5米，头骨上向后伸出的头冠末端十分尖锐，不分叉。另外，雷神翼龙还有一个长度可达70厘米的针状鼻脊。

小知识

我们生活的地球上曾经有很多奇奇怪怪的生物，这些生物的存在可以帮助我们勾勒出早期地球生命演化的历史画卷。在地球诞生的早期，大量超乎寻常的生物生活在地球上，海洋里遍布着超级怪异的鱼龙和蛇颈龙，巨大的鳄鱼和海龟爬行在湖边或河岸上。——以上内容在英国地质学家威廉·巴克兰（1784—1856）的《地质学与矿物学》一书中有所描述。

你知道吗？

可以肯定的是，雷神翼龙的头冠和针状鼻脊之间有一层皮肤膜，因为古生物学家在这个部位发现了软组织化石。这些皮肤膜可能是有颜色的，用于属内种间的特征鉴别。而夜翼龙的头冠和鼻脊之间的连接方式却和雷神翼龙不一样，因为在夜翼龙化石的这个部位并没有发现软组织化石的痕迹。

第三条跑道
可以降落了。

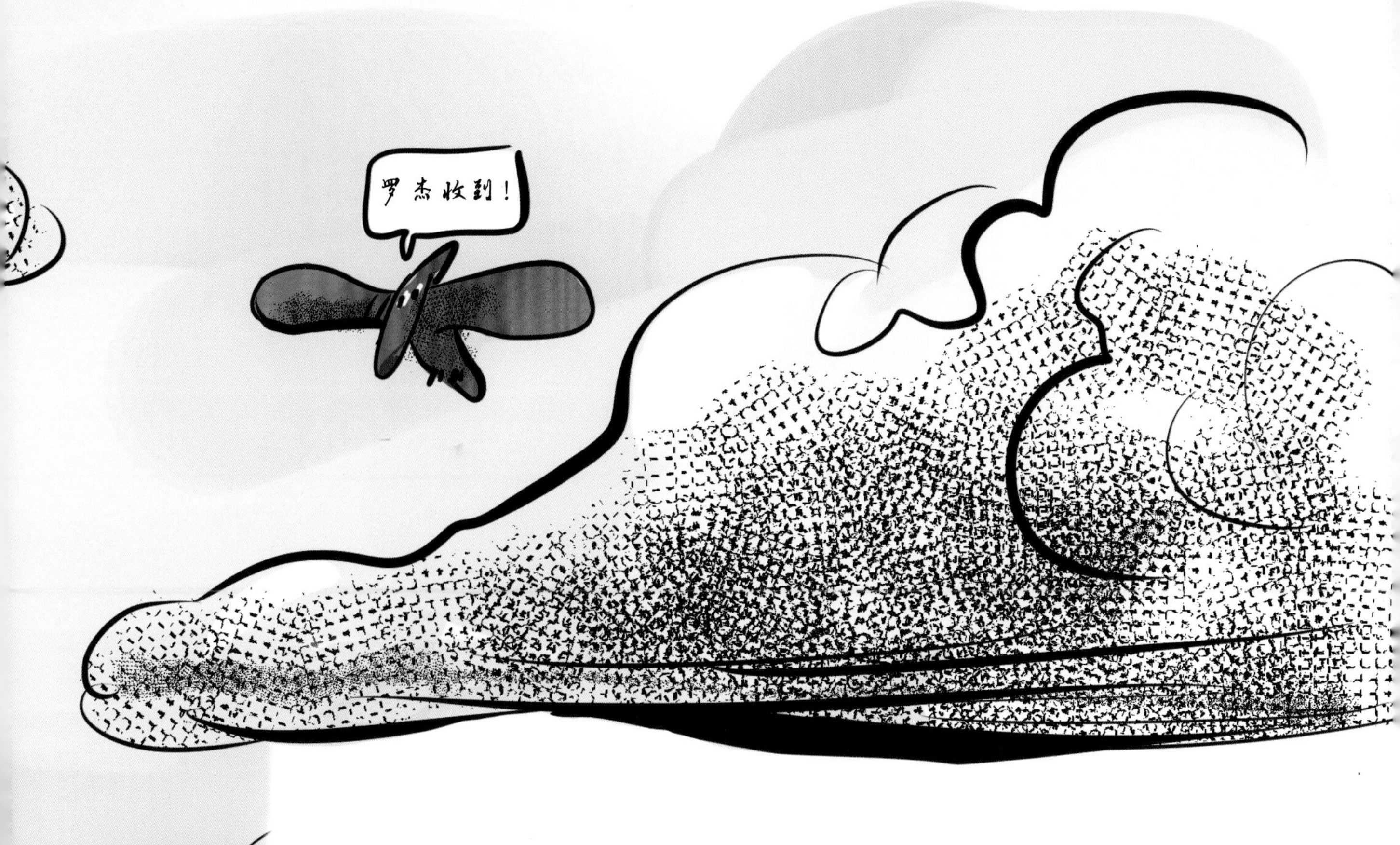

化石生物的日常生活

我们一起走过了一场穿越时空的生命探索之旅。在这段旅程中，我们一起了解了那些稀奇古怪的化石。接下来，我将介绍一些令人印象深刻的动物化石标本，这些化石呈现出了那些生物生命中的某一瞬间。这个瞬间被神奇的大自然永久封存。看到这些化石，你可能会想到翼龙正在徐徐降落的场景，你也可能会看到一头水生巨兽与一头会飞的猛兽正在进行一场殊死搏斗，你的内心还可能设想出一只小恐龙从蛋壳中孵化出来的场景……接下来，我会将你带回那个遥远的地质时期，让你真实地感受到大自然这个大剧院里曾经上演过的动物世界的轶闻趣事。

翼龙落地的一瞬间

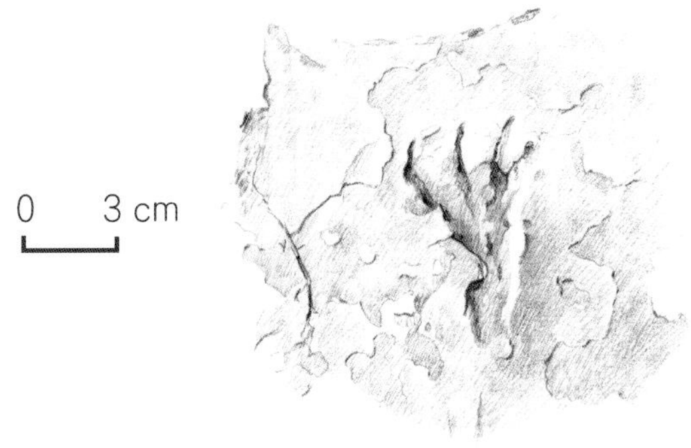

翼龙（ptérosaure）后肢足迹化石（法国洛特省西部的克莱萨克的翼龙海滩），侏罗纪晚期

“福克斯三角洲号翼龙，我是克莱萨克塔台。准许在31号跑道着陆，顺风，风速13.35米/秒。”

“收到，开始下降，右31号跑道可见……”

“福克斯三角洲号翼龙！是左31号跑道，是左31号跑道，不是右31号跑道！是左边！请修正！”

“求救！求救！求救！太晚了！一只巨大的翼手龙正在向我冲过来！啊！”

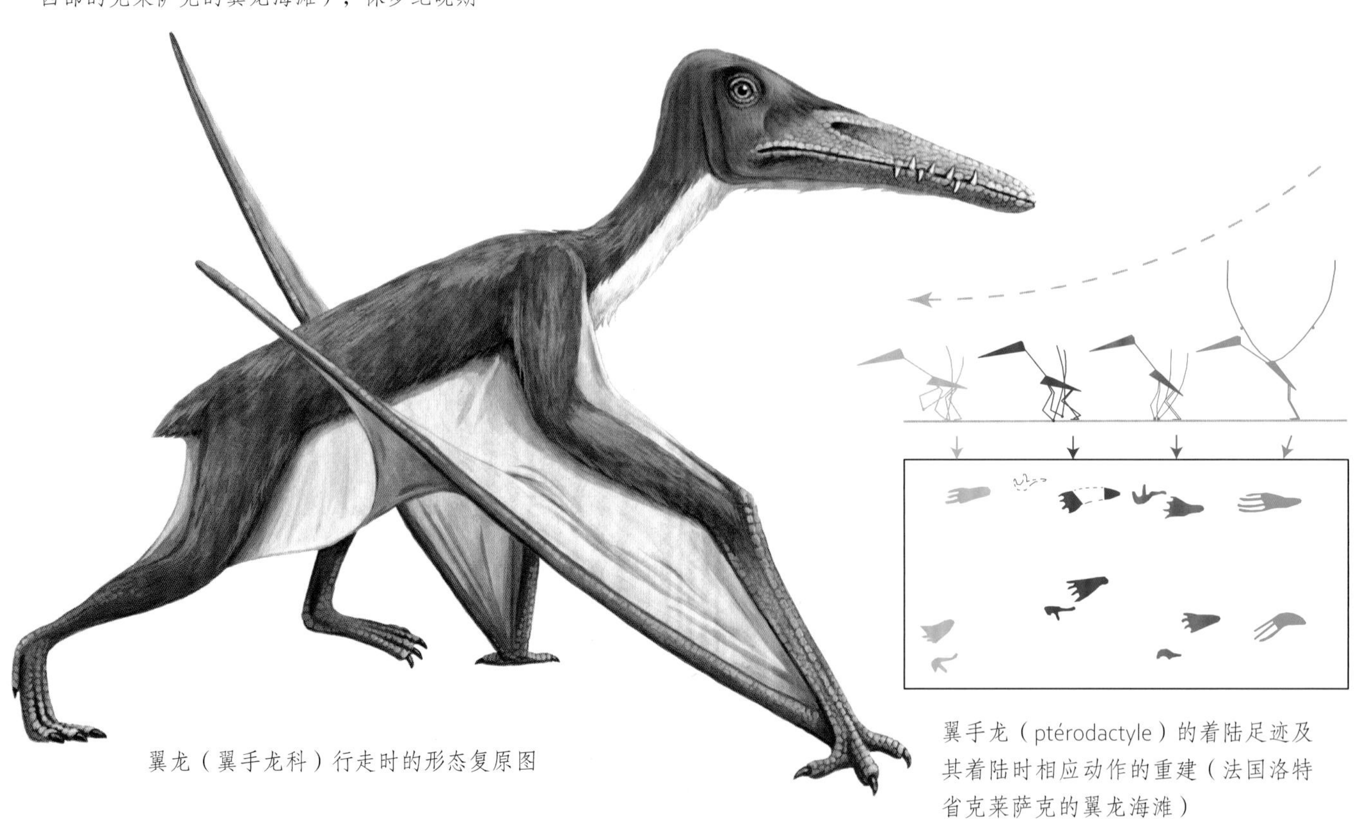

翼龙（翼手龙科）行走时的形态复原图

翼手龙（ptérodactyle）的着陆足迹及其着陆时相应动作的重建（法国洛特省克莱萨克的翼龙海滩）

化石身份及其家族的秘密

现有研究表明，法国洛特省克莱萨克的足迹化石是小型翼龙或翼手龙留下的。翼龙类动物的大小差别很大，小的只有麻雀般大，大的犹如观光飞机那样大。

◀ 飞行落地的瞬间

法国卡奥尔附近的克莱萨克镇以“翼龙海滩”而闻名。在侏罗纪晚期，这个地区因为潮汐作用，形成了一个沿海石灰岩泥湾地带。这里有甲壳类动物、鳄鱼、乌龟、大型两足动物恐龙，尤其还有很多翼龙。这些动物来来往往，悠闲地生活在一起。翼龙们从空中落在地面，嬉戏跳跃，而后再次起飞。

小故事 ▶

“埃米尔是一只跟鸽子差不多大的翼龙，它在克莱萨克的海滩上行走了33步，它走得很慢。卢西恩和莫里斯在赛跑。至于小巴纳贝，它行走的路线和内斯托行走的路线相互交叉在一起。”为了弄明白当时这些翼龙是在什么情况下留下这些足迹的，古生物学家们使用了计算机信息技术模拟重建了当时它们的生活状态，他们还打趣地给这些翼龙起了好听的名字，比如埃米尔、卢西恩、莫里斯、小巴纳贝和内斯托等。

你知道吗?

出自克莱萨克翼龙海滩的翼龙足迹化石让我们了解了翼龙的着陆和行走方式。这些动物的上肢、延长的第四指和身体之间有皮肤膜连接。克莱萨克翼龙的足迹的起始段没有前肢的足迹，只有后肢的足迹，这从侧面展示了翼龙从飞行到落地行走的全过程：落地时可能是先用后肢着地，跳起来，等再落地时四肢着地，翅膀向后折起，然后开始行走。

这一刻，能分清楚谁在吃谁吗？

0　2.5 cm

这块化石显示的是长尾翼龙吞下了一条鱼（放大的部分可见鱼的化石），同时被剑鼻鱼攻击的场景（德国巴伐利亚州的艾希施泰特县的索伦霍芬），侏罗纪晚期，美国的怀俄明州恐龙中心

这是一个“悲惨”的场面：一只刚刚饱餐一顿的长尾翼龙正在被从海中探出头的动物吞噬着，这只翼龙食道的正面可以看到鱼的化石。吃了鱼的翼龙，又被海里的动物吃掉，真是“螳螂捕蝉，黄雀在后”啊！

化石身份及其家族的秘密

长尾翼龙是一种小型动物，属于喙嘴龙亚目翼手龙科。化石显示：这条长尾翼龙有很长的尾巴和很多牙齿，在其喉咙中见到的是薄鳞鱼（*Leptolepis*）；吞噬长尾翼龙的是剑鼻鱼，它是一条60厘米长的肉食性鱼，有异常尖锐的上颚。

◀ 殊死搏斗的瞬间

这块化石是古生物学家在2009年从德国巴伐利亚州的索伦霍芬石灰岩中发掘出来的。当时，长尾翼龙扇动着翅膀靠近水面，伺机捕捉水中的鱼。可就在它刚刚吞下一条鱼的时候，突然从海里跳出一条剑鼻鱼，死死咬住了它的身体。长尾翼龙猛烈地扇动翅膀，与剑鼻鱼殊死搏斗。之后捕食者和被捕食者在这场争斗中体力耗尽、同归于尽，又一起被埋藏在沉积物中，最终形成了化石。

小故事 ▶

德国巴伐利亚州的索伦霍芬石灰岩因其保存有形态细节完美的化石而闻名于世。在侏罗纪晚期，这个地区是一个潟（xì）湖区，没有出现吃动物尸体的猛禽，死亡的动物处在无氧的咸水环境中，渐渐被细小的沉积物覆盖，动物的羽毛和昆虫翅膀的印模因此得以完全保存下来。始祖鸟化石作为首个带羽毛的恐龙化石，就是人们于1861年在这些石灰岩中找到的。

你知道吗？

重结晶的骨骼细节和石化的软组织细节在自然光下几乎是看不见的，但在紫外线的照射下，这些细节处会现出荧光，也就是说，它们会以光的形式释放吸收的能量。这就是古生物学家在研究索伦霍芬石灰岩中的化石时，要将化石置于紫外线中照射的原因所在。这样操作可以使生物的骨骼细节和软组织残留物在石灰岩上更清晰地显现出来，从而便于科学研究的深入开展。